装配式建筑技术工人系列教材

内装部品组装工

胡兰英　刘　芳　主编

中国财经出版传媒集团
中国财政经济出版社

图书在版编目（CIP）数据

内装部品组装工 / 胡兰英，刘芳主编. --北京：中国财政经济出版社，2021.12

装配式建筑技术工人系列教材

ISBN 978-7-5223-1056-5

Ⅰ.①内… Ⅱ.①胡… ②刘… Ⅲ.①建筑工程-装配式构件-技术培训-教材 Ⅳ.①TU7

中国版本图书馆 CIP 数据核字（2021）第 276123 号

责任编辑：武志庆　　　　责任校对：胡永立

封面设计：北京兰卡绘世　　　　责任印制：张　健

中国财政经济出版社 出版

URL：http：//www.cfeph.cn

E-mail：cfeph@cfeph.cn

社址：北京市海淀区阜成路甲 28 号　邮政编码：100142

营销中心电话：010-88191522

天猫网店：中国财政经济出版社旗舰店

网址：https：//zgczjjcbs.tmall.com

北京财经印刷厂印刷　各地新华书店经销

成品尺寸：170mm×240mm　16 开　13.25 印张　172 000 字

2021 年 12 月第 1 版　2021 年 12 月北京第 1 次印刷

定价：42.00 元

ISBN 978-7-5223-1056-5

（图书出现印装问题，本社负责调换，电话：010-88190548）

本社质量投诉电话：010-88190744

打击盗版举报热线：010-88191661　QQ：2242791300

丛书编委会

本书编委会

主　编　胡兰英　刘　芳

参　编　王爱志　林惠庭　赵　雷　贾　越　温木生
罗　武

丛书序

新型建筑工业化有别于20世纪50年代兴起、80年代到达高峰的，以大板建筑和新型墙体改革为代表的建筑工业化。新型建筑工业化应当坚持以信息化带动工业化，以工业化促进信息化，走出一条科技含量高、经济效益好、资源消耗低、环境污染少、人力资源优势得到充分发挥的多快好省的发展道路。新型建筑工业化是在可研、设计、生产、施工和运营等诸多环节形成成套集成生产技术的基础上，实现建筑产品节能、环保、全寿命周期价值最大化的可持续发展的建筑生产方式。

新型建筑工业化的基本内容包括：（1）资源配置市场化。各类建筑生产要素一律通过市场（现货或者期货）解决，如资金、设备、材料、机具、劳动力等，非必要情况下行政力量不介入市场活动，要改变施工企业大量存储生产要素的问题，解决企业内部生产要素模拟市场化的历史遗留问题。（2）软件设计标准化。建筑工程分解后的任何一个单元，无论是标准件还是异型件，均可通过标准的软件设计来完成，最后形成一个既符合工厂产品生产要求，同时也满足现场施工需要的建筑工程体系。(3) 建筑结构模数化。组成建筑工程体系的最小单元具有不同功能和形状，单元不同组合将产生不同的结构模式，按照一定的规则和程序将不同单元组合在一起，或者按照有机原则排列组合形成的单元之和称为模数。(4) 部品生产工厂化。严格意义上讲，建筑结构实现了按照模数生产，建筑工程体系则是工厂化产品的主要形式，而构成建筑工程体系的单元产品则只是产品生产的补充，由于工程结构的变化带来工程体系技术含量的增加和结构形式的变化，势必造成产品生产企业服务的延伸，从而催生工程总承包企业迅猛发展。(5) 作业队伍专业化。装配式建筑改变了建筑生产方式，施工方式的改变导致非专业化队伍难以胜任，这就要求施工作业队伍必须走“专、精、特、新”发展道路，同时政策引导和市场细分也应跟进。(6) 施工现场装配化。一个产品技术含量越高，研发过程越复杂，操作就应该越简单、便捷，装配式建筑体系亦是如此。因此，一方面要摒弃传统施工方式，另一方面所有现场组装的建筑工程体系中技术含量部分均应提前在产品研发阶段完成，现场就是按照一定的规则和顺序简单地拼装。

“装配式建筑技术工人系列教材”由11个分册组成，即：《新型建筑工业化发展概论》《构件制作工》《构件装配工》《钢筋加工配送工》《内装部品组装工》《预埋工》《灌浆工》《打胶工》《装配式建筑案例解析》《AI

助力装配式建筑发展》《法律法规选编》。

《新型建筑工业化发展概论》厘清了历史发展脉络，反映了历史发展进程中重要事件和人物，揭示了世界前沿理论和实践成果；《AI助力装配式建筑发展》落脚于房屋建筑工程，适当增加了VR/AR、IOT、3D打印和机器人等相关内容，充分发挥AI对装配式建筑的引领和推动作用；《装配式建筑案例解析》立足于建设工程全生命周期，突出装配式建筑设计和施工阶段建模和项目管理，推动企业数字化改造并保持与人工智能的有机衔接；《法律法规选编》收录了相关政策法规、标准规范，以加强对装配式建筑工程实践的指导。

《构件制作工》《构件装配工》《钢筋加工配送工》《内装部品组装工》《预埋工》《灌浆工》和《打胶工》等技术工人教材，分为章、节、目、条。教材以条为对象进行展开细化，将主要施工环节、技术要点、工法和标准规范要求囊括其中，分条描述符合法律法规、施工图设计、技术标准和操作规程的施工流程、工序搭接和施工结果。书中也适当穿插了一些案例，以增强教材的生动性和可读性。

由于编者水平有限，谬误之处在所难免，敬请读者批评指正。

缪长江

2021年8月

前言

近年来，我国建筑业全面进行结构调整和转型升级，在国家和地方政府大力提倡节能减排政策的引领下，建筑业开始向绿色、工业化、信息化的方向发展，以发展装配式建筑为重点的建筑工业化从而得到重视和兴起。

装配式建筑是绿色、环保、低碳、节能型建筑。装配式建筑的建造过程又是一个系统集成过程，即以工业化建造方式为基础，实现建筑结构系统、外围护系统、内装系统、设备管线系统一体化以及策划、设计、生产和施工等一体化的过程。装配式建筑从方案阶段开始应遵守标准化、模数化的设计，即“少规格、多组合”的设计理念，采用建筑信息模型（Building Information Modeling，BIM）信息化技术实现建筑、结构、机电设备、室内装修的一体化设计，通过各专业之间的协调配合，实现室内装修设计、建筑结构、机电设备及管线、生产和施工的有机结合。

本书由广东建星建造集团有限公司、中易建科技有限公司、美达卫浴（东莞）有限公司编写完成，主编单位为广东建星建造集团有限公司，其中北京和能人居科技有限公司提供装配式整体厨房、装配式地面案例。本书编写人员通过结合目前国家最新标准、图集及典型的装配式结构内装案例，系统地介绍了装配式隔墙及装配式墙面、装配式整体卫生间、装配式整体厨房、装配式地面的技术策划、生产运输、施工、检查验收及维修保养等相关内容，在国家规范及图集的基础上有所创新和突破，采用新技术、新工艺，对推进装配式建筑的发展具有一定的价值。

全书共分五章：第一章主要介绍装配式建筑的概念、装配式建筑发展意义及装配式内装系统概念；第二章至第五章主要介绍装配式隔墙及装配式墙面、装配式整体卫生间、装配式整体厨房、装配式地面的准备阶段、生产运输阶段、施工阶段及验收阶段相关内容，包括材料、机具、技术策划、生产运输、施工、成品保护、检查验收、维护保养及相关典型案例。

希望本书的出版能够为我国装配式内装设计、生产及施工人员的培养提供帮助。限于时间和业务水平，书中难免存在疏漏和不足之处，真诚希望广大读者批评指正。

编者

2021 年 12 月

目录

第一章　绪　论 / 1

第一节　装配式建筑的概念 / 1

第二节　装配式建筑的发展意义 / 2

第三节　装配式内装系统概述 / 4

第二章　装配式隔墙及装配式墙面 / 8

第一节　准备阶段 / 8

第二节　生产运输阶段 / 23

第三节　施工阶段 / 27

第四节　检查验收阶段 / 35

第五节　示例 / 40

第三章　装配式整体卫生间 / 50

第一节　准备阶段 / 51

第二节　生产运输阶段 / 69

第三节　施工阶段 / 71

第四节　检查验收阶段 / 78

第五节　示例 / 88

第四章 装配式整体厨房 / 100
第一节 准备阶段 / 101
第二节 生产运输阶段 / 123
第三节 施工阶段 / 124
第四节 验收和维修保养阶段 / 143
第五节 示例 / 154

第五章 装配式地面 / 167
第一节 准备阶段 / 168
第二节 生产运输阶段 / 174
第三节 施工阶段 / 176
第四节 检查验收阶段 / 183
第五节 示例 / 188

参考文献 / 199

第一章
绪　论

当前，国家和地方发展装配式建筑的政策陆续出台，围绕“建筑设计标准化、部品生产工厂化、现场施工装配化、结构装修一体化、维护保养专业化、过程管理信息化、建筑应用智能化”的要求，住宅产业化及建筑工业化市场规模持续扩大，开发企业、设计企业、施工企业、生产制造企业都热情高涨，积极投入产业升级的浪潮。

第一节
装配式建筑的概念

装配式建筑是以标准化设计、工业化生产的建筑构件，用现场装配的方式建成的住宅和公共建筑。建造装配式建筑是一个系统集成过程，即以工业化建造方式为基础，实现建筑结构系统、外围护系统、内装系统、设备管线系统一体化和策划、设计、生产和施工等一体化的过程。

装配式建筑的核心内容即四大系统（见图 1－1）：建筑结构系统、建筑外围系统、建筑设备和管线系统、建筑内装系统。装配式建筑应采用模数与模数协调、模块与模块组合的标准化设计方法，实现四大系统的系统集成。

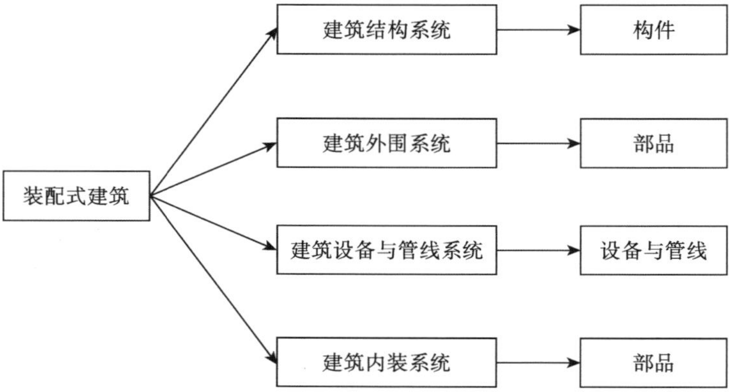

图1-1　装配式建筑系统集成

装配式建筑系统集成主要有四个技术要点：（1）强调装配式建筑建造是系统化集成；（2）解决建筑系统之间的协同问题；（3）解决建筑系统内部的协同问题；（4）突出体现建筑的整体性能和可持续性。

第二节 装配式建筑的发展意义

当前我国正处于经济转型发展的关键时期，我国建筑业更是面临着生产方式变革、发展理念更新、生产成果转化的重要任务。而装配式建筑是提升建筑业工业化水平的重要机遇与载体，是推进建筑业节能减排的重要切入点，同时也是建筑质量提升的根本保证。发展装配式建筑能有效提高建筑业的科技含量，降低资源消耗和环境污染，促进建筑业产业结构的优化和升级，推动建筑业发展方式由粗放型向集约型、效益型和科技型转变；同时通过标准化设计、工厂化制造、机械化施工和信息化管理，显著提高建筑业的劳动生产率，从而提高建筑的安全和质量，因此在我国推行装配式建筑具有重要的意义。

一、有利于提高工程建设的效率，释放劳动力、提升经济效益

装配式建筑通过标准化设计、预配件工厂化生产、机械化施工，使建筑工人升级为产业工人，使劳动强度降低从而带来生产效率的大幅提高，既缩短了工期，又减少了施工人数，降低了劳动力成本；同时工业化生产方式提升了建造标准，改善了建筑质量，使建筑具有较好的改造性和耐久性，在一定程度上降低业主的运营成本。

二、有利于节约能源和资源、减少环境污染，推动建筑行业低碳节能、可持续发展

采用工业化的建造方式，施工现场模板、脚手架的用量以及水电用量将大大减少，施工过程中还可以免去抹灰刷墙等工序，而工地噪音、粉尘污染以及建筑垃圾等问题都能得到有效改善，将节能、环保技术与建筑技术有效结合，提升建筑建造的综合效益。

三、有利于提高工程质量和施工安全

装配式建筑的生产是标准化、工厂化生产，减少了现场的人工操作；机械化生产与施工以及建筑构件和施工工序的标准化，使工程质量和安全管控有了极大的保障。

四、有利于加快城镇化进程

装配式建筑的发展和城镇化进程的推进是一个良性互动的发展过程。一方面，城镇化的快速发展和建筑规模的不断扩大为装配式建筑提供了良好的物质基础和市场条件；另一方面，装配式建筑也为城镇化带来新的产业支撑，通过工业化生产可有效解决大量农民就业问题，并促进农民工人向产业工人和技术工人转型。两方面的良性互动能有效推动整个社会城镇化进程和建筑业的健康发展。

五、有利于推动建筑业的技术进步和提升建筑业管理水平

为推动装配式建筑的发展，首先要技术创新，对工业化建筑体系、设计方法、预制构件的生产工艺以及装配式施工工法进行研究，不断完善工程建设技术标准和质量标准体系；其次是管理创新，不断完善适应装配式建筑发展的工程建设管理制度，整合优化整个产业链上的资源，实现建筑的全寿命周期成本最小化、质量最优化、效益最大化。

新时期大力发展装配式建筑，走出一条科技含量高、经济效益好、资源消耗低、环境污染少、人力资源得到充分发挥的新型建筑工业化道路，是一种实现高效、低碳和环保要求的建筑业生产方式，也是转变我国住房和城乡建设的发展方式、提升质量和效益的有效途径。

第三节 装配式内装系统概述

2017 年 1 月住房和城乡建设部发布国家标准《装配式混凝土

建筑技术标准》GB/T 51231—2016 和《装配式钢结构建筑技术标准》GB/T 51232—2016，两个标准对“装配式装修”的术语给出了明确的定义，2018 年 2 月起《装配式建筑评价标准》GB/T 51129—2017 开始实施，其中装修和设备管线评分为30 分，并且明确提出“装配式建筑宜采用装配式装修”。此外，一些地方政府也在积极编制装配式装修相关的标准规范，装配式装修的发展环境正在不断优化。装配式装修不仅适用于新型建筑，也适用于对既有建筑的翻新和改造，不仅适用于居住建筑，也适用于公共建筑；不仅适用于预制混凝土结构装配式建筑，也适用于钢结构、木结构的装配式建筑。发展装配式装修，从全社会的角度，具有促进可持续发展的重要意义。

装配式混凝土建筑内装设计应与建筑设计同步进行，做到建筑、结构、设备、装修等专业之间有机衔接，并选用标准化、系列化的参数，满足建筑设计的模数统一协调的要求。宜采用结构体和装修体相分离的 SI 技术体系。主要的部品部件应采用标准化设计，以工厂化加工为主，减少施工现场的湿作业。在于预制构件连接时应采用预留预埋的安装方法，当采用其他安装固定法时，不得影响预制构件的完整性及结构安全。

装配式混凝土建筑应采用工业化生产的集成化部品进行内装设计，保证具有通用性和互换性，应采用管线分离的方法，满足内装部品的连接、检修更换和设备及管线使用年限的要求，延长建筑使用寿命，提高舒适度。

内装部品集成系统主要包括墙面集成系统、吊顶集成系统、地面集成系统、厨房集成系统、卫浴及收纳集成系统、生态门窗系统、快装给水系统及薄法排水系统。本书所介绍的装配式内装部品包括装配式墙面集成、卫生间集成、厨房集成、干式工法地面集成等部分施工内容。

墙面集成系统：内装隔墙设计应采用工厂生产的预制轻质墙板或轻质隔墙系统，应选用具有高差调平作用的部品。当采用轻质隔墙系统时，其夹层空腔内敷设电气管线，开关、插座、面板等电气元件，应进行预先构造设计，避免管线安装和维修更换对墙体造成的破坏。采用不燃型岩棉、矿棉或玻璃丝棉等作为隔声和保温填充材料，满足不同功能房间的隔声要求。在吊挂空调、画框等部位设置加强板或采取其他可靠加工措施。

地面集成系统：内装地面设计应选用集成化部品系统，满足房间承载力的使用要求，采用架空地板系统应设置减震构造，架空高度应根据管线尺寸、敷设路径、设置坡度等确定，可敷设给排水和供暖等管线，并应设置检修口。铺装面层材料应有足够的强度，应采用工厂化部品，如复合木地板、竹木地板、地毯、地面瓷砖、石材等，装修材料应在工厂加工编号，干式铺装，减少现场切割。

厨房、卫浴及收纳集成系统：内装厨、卫设计应与建筑结构设计一体化设计，工厂化生产，现场一次性安装到位（见图1－2）。集成式厨房应合理设置洗涤池、灶具、操作台、排油烟机等设施，并预留厨房电器设施的位置和接口，预留燃气热水器及排烟管道的安装及留空条件，内装管线等应集中设置、合理定位，并设置管道检修口；集成卫生间设计宜干湿分离，综合考虑洗衣机、排气扇、暖气机等设置并采用标准化部品，应在给排水、电气等系统预埋的接口连接处设置检修口，并应做等电位连接；集成收纳应按空间功能性分类，根据人性化使用需求，做到功能性收纳，以实现想拿即取。

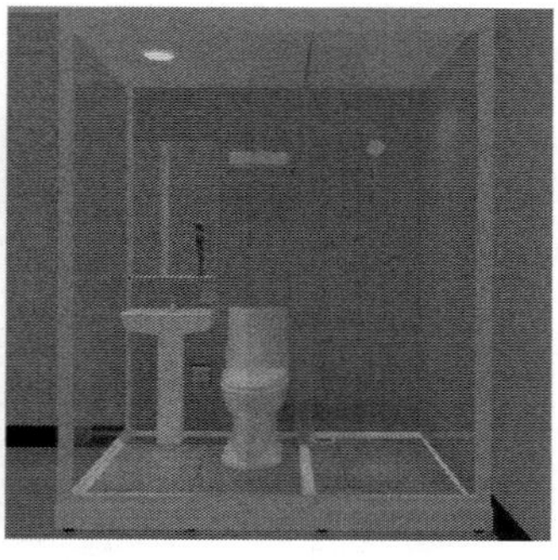

图1－2　整体厨房、整体卫生间

相对于发达国家，我国装配式装修发展尚处于初级阶段，技术标准需尽快完善，构建设计、生产、施工、验收维护等完整的产业链，引导和规范装修产业化发展。虽然我国在零散的、未成系统的装配式装修部品领域发展可追溯的历史十分悠久，但是成体系的装配式装修技术发展目前仍然落后于发达国家。

大力发展装配式建筑已经成为建筑业转型升级的必然选择，随着政策、标准体系的完善，装配式装修发展的环境趋于成熟。然而，从国际发展现状比较来看，我国装配式装修发展尚处于初级阶段，发展过程中仍面临一定的问题：涉及领域繁杂，导致行业有效供给不足、标准体系不完善；企业创新受阻，机制不健全，发展空间受限。除此之外，市场中新型部品和材料的比例相对较低，制约装配式装修在更大范围、更高层次的推广应用；部品的模数协调体系不成熟，部品的尺寸、性能的标准化和通用化程度差的问题依然存在，制约了装配式装修的全面推广。

第二章
装配式隔墙及装配式墙面

轻质隔墙板是一种新型节能墙材料，具有质量轻、强度高、多重环保、保温隔热、隔音、呼吸调湿、防火等优点，同时施工简单便捷，从而降低劳动强度，加快施工进度，节约工程总造价，满足了不同客户对现代建筑室内外环境的要求。轻质隔墙板可广泛应用于办公、商务、居民楼房的分户分室、走廊、厨房的内部隔墙，生产工艺、安装操作简便，易掌握。

为贯彻执行国家建筑技术经济政策，推行装配式隔墙，其采用干式工法施工，由部品部件安装组合而成，提高建筑轻质条板隔墙设计、施工及验收的技术水平，做到技术先进、安全适用、经济合理、确保质量。

第一节
准备阶段

轻质条板是指面密度小于 90kg/m^2（厚度为 90mm）、不大于 110kg/m^2（厚度为 120mm），长宽比不小于 2.5 的预制非承重内隔墙板。通常采用轻质骨料和细集料，加胶凝材料，内衬钢筋网片（部分产品）为受力筋，或通过蒸汽养护等工艺加工的墙体材料。轻质隔墙条板的原材料应符合国家现行有关产品标准的规定，并应优先采用节能、利废、环保的原材料，不得使用国家明令淘汰的材料。

一、材料分类

轻质条板按断面分为空心条板、实心条板和夹心条板三种类别；按板的构件类型分为普通条板、门框板、窗框板和与之配套的异形板等辅助板材。适用于公用及住宅建筑中非承重内隔墙，大致有蒸压加气混凝土板（ALC 板）（见图 2－1）、石塑板（见图 2－2）、硅酸钙板（见图 2－3）、玻璃纤维增强水泥轻质多孔隔墙板（GRC）、隔墙条板轻集料混凝土条板隔墙板、轻质复合隔墙板（PRC）、钢丝网架轻质夹芯板（GSJ）等材料种类。

图 2－1　蒸压加气混凝土板

图 2－2　石塑板

图 2－3　硅酸钙板

二、材料性质、规格、性能

条板的主要规格尺寸应符合下列规定：

（1）条板的长度标志尺寸（L）应为楼层高减去梁高或楼板厚度及安装预留空间，并宜为 2200～3500mm；

（2）条板的宽度标志尺寸（B）宜按 100mm 递增；

（3）条板的厚度标志尺寸（T）宜按 10mm 递增，也可按 25mm 递增。

对于两侧为凹凸榫槽的条板，凹凸榫槽不得有缺损，对接应吻合。对于空心的门框板、窗框板，靠门框一侧应为平口，距板边不小于 120mm 范围内应为实心；靠门框和窗框一侧可加设专用预埋件、固定件与门、窗固定。

复合夹芯条板的面板和芯材应符合国家现行有关产品标准的规定，并应符合下列规定：

（1）面板应采用燃烧性能为 A 级的无机类板材；

（2）芯材燃烧性能应为 B1 级及以上，并应按现行国家标准《建筑材料不燃性试验方法》GB/T 5464—2010 的有关规定进行检测；

（3）面层与芯层应粘结密实、连接牢固，无脱层、翘曲、折裂及缺损，不得出现空鼓和剥落；

（4）对于纸蜂窝夹芯条板，芯板应为连续蜂窝状芯材，面密度不应小于6kg/㎡；单层蜂窝厚度不宜大于50mm，当大于50mm时应设置多层的结构。

墙板的物理性能应符合表2－1的规定。

表2－1　物理性能指标

项目		标准指标
抗冲击性能（次）		≥5
抗弯破坏荷载（板自重倍数）		≥1.5
抗压强度（Mpa）		≥7.5
软化系数		≥0.8
干燥收缩值（mm/m）		≤0.6
吊挂力（N）		≥1000
耐火极限（min）		≥60
空气声计权隔声量（dB）		≥35dB
含水率（%）		≤12
面密度（kg/m^2）（100mm厚）		≤110
放射性	内照射指数	≤1.0
	外照射指数	≤1.0

墙板的外观质量应符合表2－2的规定。

表2－2　外观质量指标

序号	项目	标准指标
1	板面外露筋纤：飞边毛刺，板面泛霜，板的横向、纵向、厚度方向贯通裂缝	无
2	板面裂缝，长度50~100mm，宽度0.50~1.0mm	≤2处/板
3	蜂窝气孔，长径5~30mm	≤3处/板
4	缺棱掉角，宽度×长度10mm×25mm~20mm×30mm	≤3处/板
5	空心条板壁厚/mm	≥12

墙板的尺寸允许偏差应符合表2－3的规定。

表2－3　　允许尺寸偏差

序号	墙板厚度（mm）	项目	标准允许偏差（mm）
1	80/100	长度	±5
2	80/100	宽度	±2
3	80/100	厚度	±2
4	80/100	板面平整	≤2
5	80/100	对角线差	≤6
6	80/100	侧向弯曲	L/1000

用于条板隔墙的板间接缝的密封、嵌缝、粘结及防裂增强材料的性能应与条板材料性能相适应。

固定条板隔墙的木楔宜采用三角形硬木楔，预埋木砖应作防腐处理。

条板隔墙安装使用的镀锌钢卡和普通钢卡、销钉、拉结钢筋、锚固件、钢板预埋件等的用钢，应符合国家现行建筑用钢标准的规定。

镀锌钢卡和普通钢卡的厚度不应小于1.5mm。镀锌钢卡的热浸镀锌层不宜小于175g/㎡；普通钢卡应进行防锈处理，并不应低于热浸镀锌的防腐效果。

分户墙、分隔墙、走廊隔墙和楼梯间隔墙均满足防火要求，墙板的耐火性能和传热性能均符合国家相关法律法规的要求。

墙板均满足隔声要求，墙板的隔声均符合《建筑用轻质隔墙条板》GB/T 23451—2009、《声学建筑和建筑构件隔声测量》第3部分：《建筑构件空气声隔声的实验室测量》GB/T 19889.3—2005/ISO 140—3：1995、《建筑隔声评价标准》GB/T 50121—2005的要求。

在抗震设防区，墙板与顶板、梁、墙柱的连接应满足国家抗震设计规范及墙板行业标准《建筑轻质条板隔墙技术规程》JGJ/T 157－2014的要求。

三、施工机具

（1）主要工具如表 2－4 所示。

表 2－4　　主要工具

序号	工具名称	图例	型号	输入功率（W）	主要用途
1	冲击电钻		Z1J－SD02－12	390	用于结构打孔
2	角磨机		FF03－100A	710	用于打磨地板
3	锋钢锯		50cm	—	用于切割板材和异形构件
4	结构胶枪	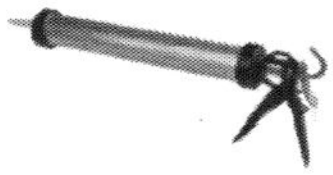	—	—	打胶
5	红外线水平仪		—	—	放线及定点

（2）其他工具：射钉枪、无齿锯、镂槽、开八字槽工具、橡皮锤、水桶、钢丝刷、扁铲、小灰槽、2m 托线板、靠尺、扫帚等。

四、标准规范

标准规范如表2－5所示。

表2－5 标准规范

序号	标准名称	标准编号
1	《建筑隔墙用轻质条板通用技术要求》	JGT 169—2016
2	《建筑用轻质隔墙条板》	GB/T 23451—2009
3	《建筑轻质条板隔墙技术规程》	JGJ/T 157—2014
4	《建筑装饰装修工程质量验收规范》	GB 50210—2018

五、技术准备

建筑工业化内装工程设计应采用协同设计的方法，根据建筑尺寸数据信息，通过建筑信息模型（BIM）技术进行并行设计，对各专业技术模块进行整体优化，并应对部品进行统一编码，在生产、安装阶段按编码实施。轻质条板隔墙工程应采取标准化设计，部品应具有统一的接口位置和便于组合的形状及尺寸，满足通用性和互换性的要求，特殊情况采用的非标准化部品应确定定制规则。功能模块、部品设计应满足工厂化生产和现场干法组装安装要求，部品安装宜采用机械连接方式，并应满足多次无损拆卸的要求。

条板隔墙工程安装前，工程设计单位应完成隔墙的设计技术文件，由技术部按甲方提供的建筑图、结构图、装修水电布置图、结合现场察勘等进行墙板安装的深化排版设计，规定各安装连接节点的处理措施，统计各规格墙板、安装辅材的用量，给墙板备货、辅材采购、配送和安装提供依据。设计技术文件应符合下列规定：

（1）应确定选用条板隔墙的种类和轴线分布，隔墙的厚度要求，门、窗分布位置和洞口尺寸，配电箱、控制柜和插座、开关盒及水电管线分布位置及开槽深度、宽度、长度和留洞尺寸；

（2）根据建筑各部位功能要求，应明确条板隔墙的防火、隔声、防潮、防水、保温、防裂、防辐射等技术性能要求，采取相关措施；

（3）应明确条板隔墙的吊挂重物要求，并采取相应的加固措施；

（4）应明确条板隔墙的抗震功能要求，并采取相应抗震、加固措施。

条板隔墙工程施工前宜提供隔墙样板或样板间，乙方根据深化排版图和甲方开放展示的需要，选择代表性的户型，按照深化设计要求，提前在工程项目进行墙板安装。样板房墙板安装完毕，技术部深化设计人员组织总包单位、业主单位、监理单位相关人员进行验收，根据样板情况对深化排版设计进行调整，并应提供相关材料的检测报告。条板隔墙工程的质量很难用语言准确、完整地表述出来，某些施工质量问题也需要有一个更直观的评判依据。因此，在施工前安装制作样板间，有利于质量控制和评判，也能避免建设方、施工方、设计方之间产生争议。

（一）隔墙技术策划

条板隔墙可用作分户隔墙、分室隔墙、外走廊隔墙、楼梯间隔墙等。设计条板隔墙时，应根据其使用功能和使用部位，选择单层条板隔墙或双层条板隔墙（见图2－4）。条板隔墙厚度应满足建筑物抗震、防火、隔声、保温等功能要求。60mm及以下厚度的条板不得用于单层隔墙；单层条板隔墙用作分户墙时，其厚度不应小于120mm；用作户内分室隔墙时，其厚度不宜小于90mm。双层条板隔墙的条板厚度不宜小于60mm，两板间距宜为10～50mm，可作为空气层或填入吸声、保温等功能材料。对于双层条板隔墙，两侧墙面的竖向接缝错开距离不应小于200mm，两板间应采取连接、加强固定措施。

图 2-4 轻质条板隔墙样板间

接板安装的单层条板隔墙，条板对接部位应有连接措施，其安装高度应符合下列规定：

（1）90mm、100mm 厚条板隔墙的接板安装高度不应大于3.6m；

（2）120mm、125mm 厚条板隔墙的接板安装高度不应大于4.5m；

（3）150mm 厚条板隔墙的接板安装高度不应大于4.8m；

（4）180mm 厚条板隔墙的接板安装高度不应大于5.4m；

（5）其他厚度的条板隔墙的接板安装高度，施工单位可与设计单位协商，另行设计，并应提交抗冲击性能检测报告。

在抗震设防地区，条板隔墙与顶板、结构梁、主体墙和柱之间的连接应采用钢卡，并应使用胀管螺丝、射钉固定。钢卡的固定应符合下列规定：

（1）条板隔墙与顶板、结构梁的接缝处，钢卡间距不应大于600mm；

（2）条板隔墙与主体墙、柱的接缝处，钢卡可间断布置，且间距不应大于1m；

（3）接板安装的条板隔墙，条板上端与顶板、结构梁的接缝处应加设钢卡进行固定，且每块条板不应少于2个固定点。

当条板隔墙需吊挂重物和设备时，不得单点固定，并应采取加固措施，固定点间距应大于300mm。用作固定和加固的预埋件和锚固件，均应作防腐或防锈处理。

当条板隔墙用于厨房、卫生间及有防潮、防水要求的环境时，应采取防潮、防水处理构造措施。对于附设水池、水箱、洗手盆等设施的条板隔墙，墙面应作防水处理，且防水高度不宜低于1.8m。当防水型石膏条板隔墙及其他有防水、防潮要求的条板隔墙用于潮湿环境时，下端应做C20细石混凝土条形墙垫，且墙垫高度不应小于100mm，并应作泛水处理。防潮墙垫宜采用细石混凝土现浇，不宜采用预制墙垫。普通型石膏条板和防水性能较差的条板不宜用于潮湿环境及有防潮、防水要求的环境。上述材质的条板隔墙用于无地下室的首层时，宜在隔墙下部采取防潮措施。

顶端为自由端的条板隔墙，应做压顶。压顶宜采用通长角钢圈梁，并用水泥砂浆覆盖抹平，也可设置混凝土圈梁，且空心条板顶端孔洞均应局部灌实，每块板应埋设不少于一根钢筋与上部角钢圈梁或混凝土圈梁钢筋连接。隔墙上端应间断设置拉杆与主体结构固定；所有外露铁件均应做防锈处理。

对于有防火要求的分户隔墙、走廊隔墙和楼梯间隔墙，条板隔墙的燃烧性能和耐火极限指标应符合现行国家标准《建筑设计防火规范》GB 50016—2014的有关规定，并应满足工程设计要求。

条板隔墙的隔声性能指标应符合现行国家标准《民用建筑隔声设计规范》GB 50118—2010的有关规定，并应满足工程设计要求。

对于有保温要求的分户隔墙、走廊隔墙和楼梯间隔墙，应采取相应的保温措施，并可选用复合夹芯条板隔墙或双层条板隔墙。居住建筑分户墙的传热系数应符合现行行业标准《严寒和寒冷地区居住建筑节能设计标准》JGJ 26—2018、《夏热冬冷地区居住建筑节能设计标准》JGJ 134—2010等的有关规定。

（二）构造措施

当单层条板隔墙采取接板安装且在限高以内时，竖向接板不宜超过一次，且相邻条板接头位置应至少错开300mm。条板对接部位应设置连接件或定位钢卡，做好定位、加固和防裂处理。双层条板隔墙宜按单层条板隔墙的施工工法进行设计。条板应竖向排列，排板应采用标准板。当隔墙端部尺寸不足一块标准板宽时，可采用补板，且补板宽度不应小于200mm。

当抗震设防地区的条板隔墙安装长度超过6m时，应设置构造柱，并应采取加固措施。当非抗震设防地区的条板隔墙安装长度超过6m时，应根据其材质、构造、部位，采用下列加强防裂措施：

（1）沿隔墙长度方向，可在板与板之间间断设置伸缩缝，且接缝处应使用柔性粘结材料处理；

（2）可采用加设拉结筋加固措施；

（3）可采用全墙面粘贴纤维网格布、无纺布或挂钢丝网抹灰处理。

条板隔墙下端与楼地面结合处宜预留安装空隙，且预留空隙在40mm及以下的宜填入1:3水泥砂浆，40mm以上的宜填入干硬性细石混凝土，撤除木楔后的遗留空隙应采用相同强度等级的砂浆或细石混凝土填塞、捣实。

当在条板隔墙上横向开槽、开洞敷设电气暗线、暗管、开关盒时，隔墙的厚度不宜小于90mm，开槽长度不应大于条板宽度的50%。不得在隔墙两侧同一部位开槽、开洞，其间距应至少错开150mm。板面开槽、开洞应在隔墙安装7d后进行。

单层条板隔墙内不宜设置暗埋的配电箱、控制柜，可采取明装的方式或局部设置双层条板的方式。配电箱、控制柜不得穿透隔墙。配电箱、控制柜宜选用薄型箱体。单层条板隔墙内不宜横向暗埋水管，当需要敷设水管时，宜局部设置附墙或采用双层条板隔墙，也可采用明装的方式。当需在单层条板内局部暗埋水管时，隔墙厚度不应小于 120mm，且开槽长度不应大于条板宽度的 50%，并应采取防渗漏和防裂措施。当低温环境下水管可能产生冰冻或结露时，应进行防冻或防结露设计。

条板隔墙的板与板之间可采用榫接、平接、双凹槽对接方式，并应根据不同材质、不同构造、不同部位的隔墙采取下列防裂措施：

（1）应在板与板之间对接缝隙内填满、灌实粘结材料，企口接缝处应采取抗裂措施；

（2）条板隔墙阴阳角处以及条板与建筑主体结构结合处应作专门防裂处理。

确定条板隔墙上预留门、窗洞口位置时，应选用与隔墙厚度相适应的门、窗框。当采用空心条板作门、窗框板时，距板边 120～150mm 范围内不得有空心孔洞，可将空心条板的第一孔用细石混凝土灌实。工厂预制的门、窗框板靠门、窗框一侧应设置固定门窗的预埋件。施工现场切割制作的门、窗框板可采用胀管螺丝或其他加固件与门、窗框固定，并应根据门窗洞口大小确定固定位置和数量，且每侧的固定点不应少于 3 处。当门、窗框板上部墙体高度大于 600mm 或门窗洞口宽度超过 1.5m 时，应采用配有钢筋的过梁板或采取其他加固措施，过梁板两端搭接处不应小于 100mm。门框板、窗框板与门、窗框的接缝处应采取密封、隔声、防裂等措施。复合夹芯条板隔墙的门、窗框板洞口周边应有封边条，可采用镀锌轻钢龙骨封闭端口夹芯材料，并应采取加网补强防裂措施（见图 2－5）。

（三）防开裂控制措施

由于轻质墙板具有质量轻、抗折强度高、抗冲击性能好、防水、隔音等优良特性，而且表面平整、尺寸准确、板材规格尺寸工整，易于成型，便于机械化生产，生产效率高；板材尺寸大、模块大、整体性好，可以装配式安装，施工效率也高，因此继续推广高

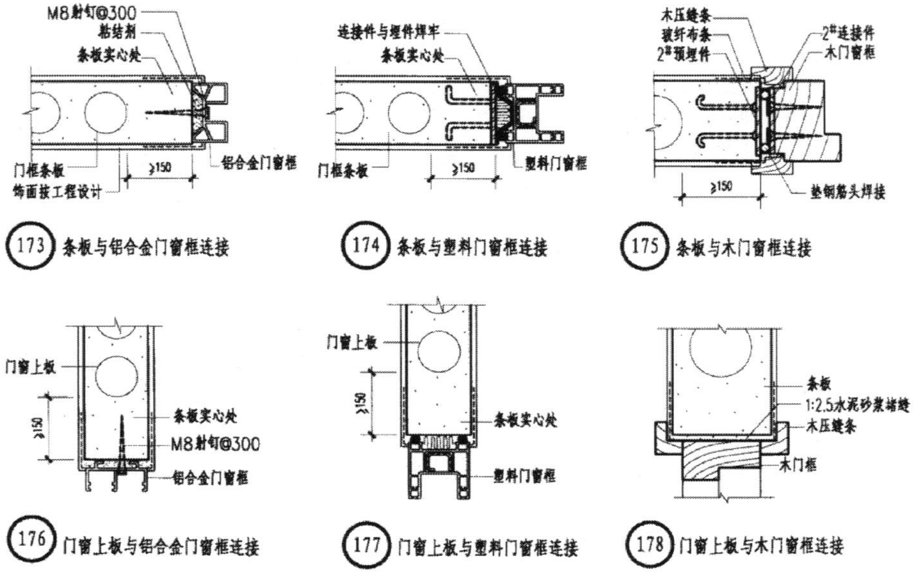

图2-5 水泥、石膏条板、轻混凝土条板与门窗框连接节点

强轻质的墙体材料，其在未来几年的建设工程中仍然是必然趋势。但各种轻质隔墙板材在施工安装后，衔接部位和部分面层经常产生裂缝，这成为建筑工程的一种质量通病。

在板材生产过程中对隔墙裂缝的影响因素主要有：

（1）生产工艺达不到国家标准，国家对轻质建筑板材有生产标准，有些企业配料、生产工艺不恰当，造成产品的干燥收缩值超标；另外由于有些轻质板材表面平整度差，导致抹灰层薄厚不均，因厚薄收缩系数不同，施工安装后将出现裂缝；

（2）板材不够龄期即送至现场，有些轻质建筑板材生产企业生产能力或材料堆放场地有限，当承揽到较大规模的工程时，为了满足施工安装工期，将不到龄期的板材运送到施工现场，板材在安装后继续水化收缩，造成裂缝；

（3）板材接缝处油污染，板材在成型过程中，为了脱膜方便，在板材模具侧边刷有脱模剂，为降低生产成本，脱膜剂经常采用废机油，废机油层严重削弱了板材与嵌缝砂浆之间的粘接效果。

在板材施工安装过程中对隔墙裂缝的影响主要因素分为：

（1）嵌缝砂浆不饱满，普通水泥砂浆自身硬化收缩，轻质隔墙板安装时，一般是在接缝槽内嵌满嵌缝砂浆后，将板立起安装。由于普通水泥砂浆混合料与板材的附着力差，经常在立板过程中造成水泥砂浆脱落。由于嵌缝砂浆不饱满，普通水泥砂浆与板材粘接效果差和嵌缝砂浆硬化时的自身收缩，就可能造成板材安装后沿安装缝开裂。

（2）长墙连续安装，一些框架结构大开间的建筑，内墙连续很长，在施工安装时如果一次连续安装，由于安装后的墙体各种收缩因素的累积，必然会产生一定的收缩应力，墙体长度越长，累积的收缩应力越大，将在某些局部造成破坏，产生裂缝释放应力。

（3）门框上部倒“八”字裂缝，各种轻质建筑板材安装中经常产生门框上部倒“八”字裂缝，其原因为门框上部墙体和抹灰层是连续的，而门框下部墙体是断开的，门框上部的墙体产生收缩应力后是一种限制收缩，而门框下部的墙体是自由收缩，因而门框上下部墙体产生收缩应力差，从而发生倒“八”字裂缝。

（4）抹灰层过厚。由于隔墙安装板面表面平整度控制不好，高低相差较大，安装后需要较厚的抹灰层才能找平，所以造成抹灰层厚度过厚，由于较厚的抹灰层产生较大的收缩应力而造成墙体裂缝。

（5）湿板上墙，在潮湿的状态下即进行安装，安装后的板材产生干燥收缩，造成安装裂缝。

（6）轻质隔墙板安装时，支撑在板底的木楔没有拆除，再加板底缝隙处理不认真，造成条板在木头支承下产生挤压变形，而影响墙面开裂。

（7）轻质隔墙板面孔、洞开凿及处理不认真，填洞材料与尺寸不规范，造成孔洞周边的材料收缩开裂（见图2－6）。

图 2-6 墙面裂缝

为了避免裂缝的产生，需要在板材的生产加工和施工安装两个方面共同采取措施：

（1）在选用板材前，深入各板材生产企业进行考察，了解其生产工艺、质量保证体系、材料临时堆放场地、企业生产能力，以保证板材各项指标都符合国家标准、有足够的板材晾晒时间、保证材料的干燥。

（2）要求板材生产企业在生产过程中采用专用的水性隔离剂而禁止采用废机油。

（3）采用聚合物水泥砂浆作为安装嵌缝砂浆，具有很强的粘接力和较强的韧性，硬化时不收缩，用于轻质建筑板材安装时可以不落浆，保证嵌缝砂浆饱满，增强嵌缝的粘接强度，抑制收缩应力的破坏作用，嵌缝砂浆自身不收缩减少收缩应力。

（4）在较长墙体施工安装过程中，建议在安装时每隔 3 ~ 5m 距离预留一处安装缝暂时不作处理，让此段墙体自由收缩 7 ~ 10 天，待收缩应力已基本释放、变形稳定后再用聚合物嵌缝砂浆将此连续接缝填实。这样可避免长墙累积收缩应力过大造成裂缝。

（5）为避免门框上部倒“八”字裂缝，可在门框与长墙连接处，距门框两块板处预留一收缩缝暂不处理以释放应力，7 ~10 天后再用聚合物水泥砂浆填实处理。

(6) 应选用尺寸规矩、表面平整的轻质建筑板材，尽量减少找平抹灰层的厚度。找平抹灰层的厚度越薄越不易形成裂缝。找平抹灰层可选择粘接强度高并不产生收缩应力的材料，如粉刷石膏、聚合物水泥砂浆等，特别是粉刷石膏具有早强、快硬、粘结力强、不开裂、不空鼓，不掉粉等特点，既可避免裂缝的产生，施工又简便、经济，墙面效果也很好。

(7) 对经质隔墙板根部处理，在条板施工安装完毕之后，派专人对立板根部检查，并用砼达到终凝之后，再拔掉木楔填细石砼。

(8) 当沿着顺条板长条边位置垂直或交叉时，其凿洞不宜过大；当管道沿着顺条板长条边位置垂直时，其凿洞须用电动锯裁口，以免板面损伤太大缺口。在补洞时，严禁采用水泥砂浆，须配有低碱水泥拌成的 C15 以上细石砼来补强。在补缝保证密实、光滑之后，另外在其位置上增贴两道玻纤带，其宽度至少要覆盖补洞之外 40mm 以上。

隔墙采用轻质墙体材料，较大幅度地减轻了建筑自重，充分体现了新型轻质墙材的优越性。同时也符合国家“十五”规划中提出的“高强、轻质、节能、节土、利废、环保”的功能要求，各类轻质隔墙板材在未来的工程中仍将扮演重要的角色。

第二节
生产运输阶段

装配式内装修部品应根据设计总体要求，进行系统化设计，在符合工业化生产流程基础上，提高部品的集成化、模块化、标准化程度，提高施工安装和使用维护的便利性。装配式内装修部品可分为系统级、部件级、材料级，并应符合下列要求：

（1）系统级部品应提高其体系的开放性和通用性，通过多个子体系的互换性实现多样化；

（2）部件级部品应提高其产品的通用性和系列化、成套化，通过模数化的尺寸控制实现广泛的互换性；

（3）材料级部品原材料应绿色环保，提高其产品的标准化和集成化，减少现场作业。

一、生产

轻质隔墙条板生产企业宜将建筑信息模型（BIM）技术与生产线的传感、通信技术、计算机控制技术相融合，实现设计、施工与智能化生产信息协同，以及对部品进行编码和生产日志存档，实现质量信息的可追溯管理。生产的部品应进行标识，标识的信息应包括部品编码、生产规格、材质、使用位置、注意事项等（见图2－7）。

图2－7 轻质隔墙条板生产工艺

部品出厂前应进行包装，包装应牢固可靠，并应有包装明细清单、说明书及产品合格证等。

二、检验及运输

运输时应制订部品的运输与堆放方案，其内容应包括运输时间、路线、固定要求、堆放场地和成品保护措施等。运输部品的车辆应满足部品尺寸和载重要求，并应采取运输和装卸的保护措施。运输时，应采取防止构件移动、倾倒、变形等固定措施和防止构件损坏的措施。对已破损构件的边角部位应设置保护衬垫；应避免碰撞，不允许在地面拖动，且防止化学腐蚀性药品的侵蚀；储存处应防雨、防晒，远离污染源、火源。装卸时，应用插车、吊车进行构件的一次装卸（见图2－8）。

图2－8　轻质隔墙条板装卸、堆放

部品的堆放场地应平整、坚实，应按部品的保管技术要求采取相应的防雨、防潮、防暴晒、防污染等措施（见图2－9、图2－10），并应符合以下规定：

（1）板材宜堆放于室内或不受雨雪影响的场所，露天堆放时应采用覆盖措施，防止雨雪和污染；

（2）堆放场地应坚硬平整无积水，不得直接接触地面堆放，并宜靠近施工现场，以减少多次搬运，堆放时应设置垫木，拼装大板应放入插放架内；

（3）板材应按品种、规格及强度等级分放，堆放高度不宜超过3m，屋面板可分层平放，每层不超过1m，每垛高度不超过2m；

（4）垫木长约900mm，截面尺寸100×100mm，每点设置2根，设置点距板边不超过板长度20%倍及600mm，应分层设置垫木，每层高度不超过1m。

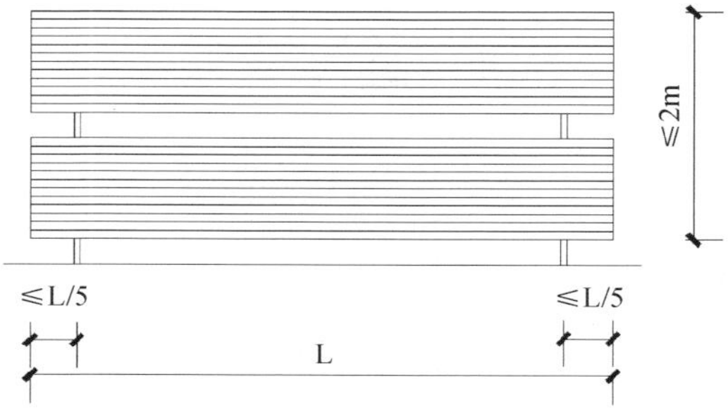

图2－9　板材堆放示意图

图2－10　现场轻质隔墙条板堆放

第三节
施工阶段

条板隔墙安装前，应编制分项工程施工技术文件，包括下列内容：

（1）条板隔墙排板图（立面、平面图），排板图中应标明条板种类、规格尺寸，门、窗洞口的位置、尺寸，管线、配电箱、插座及开关盒的位置、尺寸、数量，预埋件及钢板卡件位置、数量、规格种类等；

（2）条板隔墙安装构造图及相关技术资料，应包括条板与条板间的连接构造，条板隔墙与梁板、顶板、地面、防潮垫层的连接方法，条板隔墙与主体墙、柱的连接方法，条板隔墙门、窗洞口处的构造方法，钢板卡件、预埋件位置，条板隔墙内暗埋管线及吊挂重物的加固构造和修补加强措施等；

（3）条板隔墙具体施工方案，应包括施工安装人员、机械机具的组织调配、条板产品的运输、储存，辅助材料的制备，墙体的安装工艺要求、安装顺序、工期进度要求、安装质量、安全措施要求，墙体安装各工序的检查、验收及整改措施；

（4）施工单位应按设计技术文件、资料，编制条板隔墙分项工程施工技术文件，施工技术文件应由施工单位技术负责人批准，经监理单位审核后实施。

条板隔墙安装工程应在做地面找平层之前进行。大型条板隔墙工程施工前，宜先做样板墙，并应经有关方确认后再进场施工。

条板隔墙施工前，应制订安全施工技术措施，且施工中的劳动保护应符合国家现行有关标准的规定。搬运条板时，应采用侧立的方式，重量较大的条板应使用轻型机具辅助施工安装。应对墙板安装人员进行培训并进行技术交底，安装人员应掌握施工图及相关的技术文件。

条板隔墙施工过程中应对各工序进行验收并保存验收记录，并应按施工程序组织隐蔽工程的验收、保存施工和验收记录。施工和验收记录应包括文字记录、照片或影像资料。

当合同约定或设计要求对接板隔墙工程进行见证检测时，应进行隔墙的抗冲击性能检测。

一、施工准备

条板隔墙施工作业前，施工现场杂物应清理干净，场地应平整，并应具备安装隔墙的施工作业条件。

条板隔墙施工前的准备工作应符合下列规定：

（1）条板和配套材料进场时，应进行验收，并应提供产品合格证和有效检验报告；条板和配套材料的进场验收记录和检验报告应归入工程档案，不合格的条板和配套材料不得进入施工现场；

（2）条板和配套材料应按不同种类、规格分别在相应的安装区域堆放，条板下部应放置垫木，并宜侧立堆放，且堆放高度不宜超过两层；现场存放的条板不得被水冲淋和浸湿，不得被其他物料污染；条板露天堆放时，应做好防雨雪、防暴晒措施；条板隔墙施工现场环境温度不宜低于5℃，当需在低于5℃环境下施工时，应采取冬期施工措施；

（3）现场配制的嵌缝材料、粘结材料，以及开洞后填实补强的专用砂浆应具有使用说明书，并应提供检测报告，粘结材料应按设计要求和说明书配置和使用；

（4）钢卡、铆钉等安装辅助材料进场时，应提供产品合格证，配套安装工具、机具应能正常使用；安装使用的材料、工具应分类管理，并应根据需要的数量备好。

条板隔墙施工前，应先清理基层，对需要处理的光滑地面应进行凿毛处理；然后按安装排板图放线，标出每块条板安装位置、门窗洞口位置，放线应清晰，位置应准确，并应经检查无误后再进行下道工序施工。

对于有防潮、防水要求的条板隔墙，应先做好细石混凝土墙垫。

条板隔墙安装前，宜对预埋件、吊挂件、连接件的数量、位置、固定方法，以及双层条板隔墙板间芯层材料的铺装进行核查，并应满足条板隔墙分项工程设计技术文件的要求。

二、条板隔墙安装

目前在条板隔墙工程中，单层条板隔墙的应用量最多，已积累了丰富的安装经验。但只有按排板图和施工工序安装条板隔墙，才能保证质量。本书提供了常用的下楔顶板安装条板隔墙的方法：

（1）应按排板图在地面及顶棚板面上放线，条板应从主体墙、柱的一端向另一端按顺序安装；当有门洞口时，宜从门洞口向两侧安装；

（2）应先安装定位板，可在条板的企口处、板的顶面均匀满刮粘结材料，空心条板的上端宜局部封孔，上下对准定位线立板，条板下端距地面的预留安装间隙宜保持在 30～60mm，并可根据需要调整；

（3）可在条板下部打入木楔，并应楔紧，且木楔的位置应选择在条板的实心肋处；

（4）应利用木楔调整位置，两个木楔为一组，使条板就位，可将板垂直向上挤压，顶紧梁、板底部，调整好板的垂直度后再固定；

（5）应按顺序安装条板，将板榫槽对准榫头拼接，条板与条板之间应紧密连接，应调整好垂直度和相邻板面的平整度，并应待条板的垂直度、平整度检验合格后，再安装下一块条板；

（6）应按排板图在条板与顶板、结构梁，主体墙、柱的连接处设置定位钢卡、抗震钢卡；

（7）板与板之间的对接缝隙内应填满、灌实粘结材料，板缝间隙应揉挤严密，被挤出的粘结材料应刮平勾实；

（8）条板隔墙与楼地面空隙处，可用干硬性细石混凝土填实；

（9）木楔可在立板养护 3 天后取出，并应填实楔孔。

部分施工企业还采用上楔法安装条板隔墙，其工序为：按排板图要求弹墨线，在楼地面依据安装控制线铺上粘结材料，将条板下端对准安装控制线直接放置在楼地面上，调整隔墙的平整度、垂直度，先在隔墙上部用木楔临时固定，之后按设计要求安装钢卡，用专用粘结材料将条板隔墙上口与梁或顶板缝隙填实，木楔在立板养护 3 天后取出并用粘结材料填实楔孔。

双层条板隔墙通常作为要求较高的隔声隔墙、保温隔墙、防火隔墙等特殊功能隔墙选用，可以按单层条板隔墙安装工法进行施工。双层条板隔墙安装流程为：应先安装好一侧条板，确认墙体外表面平整、墙面板与板之间接缝处粘结处理完毕后，再按设计要求安装另一侧条板。双层条板隔墙两侧条板的接缝错开距离不应小于 200mm。当双层条板隔墙设计为隔声隔墙或保温隔墙时，应在安装好一侧条板后，根据设计要求安装固定好墙内管线、留出空气层或铺装吸声或保温功能材料，验收合格后再安装另一侧条板。

为保证双层条板隔墙的安全性能，两板间应采取连接、加强固定措施；两板间距小于 5mm 时，可采用胶粘剂点粘加固，板间空隙较大时可使用连接件或定位件连接。

近年来，在公共建筑和工业建筑中条板隔墙应用量不断扩大，接板安装隔墙的工程也越来越多。有的接板隔墙高达 10m。接板安装隔墙的安全性能引起各方关注，在抗震设防地区，条板隔墙与顶板、结构梁、主体墙和柱之间的连接应采用钢卡，并应使用胀管螺丝、射钉固定，且卡件、连接件应定位准确、固定牢固。条板与条板对接部位应做好定位、加固、防裂处理。

三、门、窗框板安装

在轻质条板隔墙安装中，门窗框板需安装牢固、可靠，门窗框条板与门、窗框的连接、固定是隔墙安装的重要工序。门窗框的安装应在条板隔墙安装完成7天后进行，门、窗框板安装时，应按排板图标出的门窗洞口位置，先对门窗框板定位，再从门窗洞口向两侧安装隔墙。门、窗框板安装应牢固，与条板或主体结构连接应采用专用粘结材料粘结，并应采取加网防裂措施，连接部位应密实、无裂缝。

当预制门、窗框板中预埋有木砖或钢连接件时，可与木制、钢制或塑钢门、窗框连接固定；当门、窗框板在施工现场切割制作时，应使用金属膨胀螺钉与门、窗框现场固定。条板隔墙上预留门、窗洞口位置时，应选用与隔墙厚度相适应的门、窗框。当采用空心条板作门、窗框板时，距板边120～150mm范围内不得有空心孔洞，可将空心条板的第一孔用细石混凝土灌实。工厂预制的门、窗框板靠门、窗框一侧应设置固定门窗的预埋件。施工现场切割制作的门、窗框板可采用胀管螺丝或其他加固件与门、窗框固定，并应根据门窗洞口大小确定固定位置和数量，且每侧的固定点不应少于3处。当门、窗框板上部墙体高度大于600mm或门窗洞口宽度超过1.5m时，应采用配有钢筋的过梁板或采取其他加固措施，过梁板两端搭接处不应小于100mm。门框板、窗框板与门、窗框的接缝处应采取密封、隔声、防裂等措施。

当门、窗框有特殊要求时，可采用钢板加固等措施，并应与门、窗框板的预埋件连接牢固。安装门头横板时，应在门角的接缝处采取加网防裂措施。门窗框与洞口周边的连接缝应采用聚合物砂浆或弹性密封材料填实，并应采取加网补强等防裂措施。

四、管线安装

水电管线的安装、敷设应与条板隔墙安装配合进行，并应在条板隔墙安装完成7天后进行。安装水电管线时，应根据施工技术文件的相关要求，先在隔墙上弹墨线定位，再按弹出的定位墨线位置切割横向、纵向线槽和开关盒洞口，并应使用专用切割工具按设计规定的尺寸单面开槽切割，不应在条板隔墙上任意开槽、开洞。当在条板隔墙上横向开槽、开洞敷设电气暗线、暗管、开关盒时，隔墙的厚度不宜小于90mm，开槽长度不应大于条板宽度的0.5倍。不得在隔墙两侧同一部位开槽、开洞，其间距应至少错开150mm。

切割完线槽、开关盒洞口后，应按设计要求敷设管线、插座、开关盒，并应先做好定位，可用螺钉、卡件将管线、开关盒固定在条板的实心部位上。开关盒、插座四周应采用粘结材料填实、粘牢，并宜采用与条板相应的材料补强修复。开关盒、插座的表面应与隔墙面齐平。空心条板隔墙纵向布线时，可沿条板的孔洞穿行。

管线、开关盒敷设后，应及时回填、补强。水泥条板隔墙上开的槽孔宜采用聚合物水泥砂浆或专用填充材料填充密实；开槽的墙面可采用粘贴耐碱玻璃纤维网格布、无纺布或采取局部挂钢丝网等补强、防裂措施。空心条板隔墙可在局部堵塞横槽下部孔洞后，再作补强、修复。石膏条板宜采用同类材料补强。明装水管的安装应按工程设计要求进行，设备控制柜、配电箱的安装应按工程设计要求进行。

五、接缝及墙面处理

条板的接缝处理应在门窗框、管线安装完毕7天后进行。接缝处理前，应检查所有的板缝是否粘结良好，有无裂缝。如出现裂缝，清理接缝部位，补满破损孔隙，清洁墙面。

条板隔墙接缝处应采用粘结砂浆填实，表层应采用与隔墙条板相适应的材料抹面并刮平压光，颜色应与板面相近。条板的企口接缝处应先用粘结材料打底，再用粘贴盖缝材料。对于有防潮、防渗漏要求的条板隔墙，投入使用前应采用防水胶结料嵌缝，并应按设计要求进行墙面防水处理。

六、成品保护

条板隔墙施工中各专业工种应配合，不得颠倒工序。交叉作业时，应做好工序交接，不得对已完成工序的成品、半成品造成破坏。

条板隔墙安装施工过程中及工程验收前，应采取防护措施，不应受到施工机具碰撞。安装后的条板隔墙 7 天内不得承受侧向作用力，施工梯架、工程用的物料等不得支撑、顶压或斜靠在墙体上。

当进行混凝土地面等施工时，应防止物料污染、损坏成品隔墙墙面。

七、安全文明施工

（一）安全、职业健康、环保注意事项

（1）水电专业的管线预埋应与隔墙安装同步进行，密切配合；

（2）隔墙板面需开孔时，应在隔墙安装 7 天后进行，并采用专用工具，孔洞尺寸不大于 80×80mm，同时避免横向开槽；

（3）墙体吊挂件应按要求设置预埋件，单点挂重不宜大于 80kg；

（4）线盒插座等机电末端在隔墙两面错位安装，避免处在相对的同一位置；

（5）隔墙安装后 24 小时不得碰撞，合理安排工序，加强对墙

体的保护，隔墙板门窗框塞灰和抹粘结砂浆后，不得振动墙体，待达到强度后方可进入下一工序；

（6）安装埋件不得用力敲打，宜用电钻钻孔、扩孔；

（7）切割隔墙板时，应采取防尘措施，操作人员戴口罩防止吸入灰尘；

（8）胶粘剂使用后及时清理、回收至指定地点或容器中，分开存放，集中处理；

（9）现场堆放、搬运复合轻质墙板应侧立，板下加垫方木，距两端500～700mm，不得平放。隔墙板材现场吊运严禁用钢丝捆绑和用钢丝绳兜吊；

（10）严防运输小车等碰撞隔墙板及门口；

（11）施工后隔墙板上不得吊挂重物；

（12）在施工楼地面时，采取适当遮挡措施，防止砂浆溅污隔墙板。

（13）条板隔墙施工期间，应采取控制施工现场粉尘、废弃物、噪声等的措施，避免对周围环境造成污染和危害。

（二）施工防火安全

（1）贯彻以“以防为主，防消结合”的消防方针，结合施工中的实际情况，加强领导，组织落实，建立防火责任制。

（2）成立工地防火领导小组，由项目负责人任组长，由安全员、仓库保管员及有关工长任组员；对进场操作人员进行安全防火知识教育，从思想上使每个职工重视安全防火工作，增强防火意识；

（3）保证消防环道畅通无阻，并悬挂防火标志牌、防火制度、及“119”火警电话等醒目标志；

（4）电气设备、器材必须合格，禁用劣质品和代用品，各种电器设备或线路，不许超过安全负荷。

（三）安全技术操作

（1）所有电工必须熟悉电工安全技术规程，必须穿绝缘鞋才能上岗，禁止带电操作，并经常检查漏电保护器的有效性；对接好的设备和线路应检查是否正确，不要盲目送电，所有设备外壳都要接地，接地电阻不大于10Ω，所有配电箱都有防雨措施，当班电工责任重大，对自己、对其他用电的操作者，必须保证安全用电。

（2）木工工作前检查所用工具是否牢固，作业场合是否符合安全规定，所有工具利器不用时要放回工具箱或工具袋内，不得随意乱放；使用各种木作机械的人员，必须熟悉本机械的性能、刀具及锯片要适应操作要求，凡是崩口的刀具和有裂痕、钝口的锯片不得使用，长度小于400mm的短料，不得入电锯操作；木工的作业现场，应在当天下班前清扫干净，把木屑垃圾堆放在指定地点。

第四节
检查验收阶段

条板隔墙工程质量验收应在施工单位自行检查评定的基础上进行。条板隔墙工程质量验收应符合现行国家标准《建筑装饰装修工程质量验收规范》GB 50210—2018 和《建筑工程施工质量验收统一标准》GB 50300—2013 的有关规定。民用建筑条板隔墙工程的隔声性能应符合现行国家标准《民用建筑隔声设计规范》GB 50118—2010 及国家现行有关产品标准的规定。

条板隔墙工程质量验收应检查下列文件和记录：

（1）条板隔墙施工图、设计说明及其他设计文件；

（2）条板制品和主要配套材料出厂合格证、性能检验报告、进场验收记录和复验报告；

（3）隔墙分项工序施工记录、隐蔽工程验收记录；

（4）施工过程中重大技术问题的处理文件、工作记录和工程变更记录。

条板隔墙工程应对下列隐蔽工程项目进行验收，隐蔽工程验收应有记录，记录应包含必要的图像资料：

（1）隔墙中预埋件、吊挂件、拉结筋等的安装验收记录；

（2）配电箱、开关盒及管线开槽、敷设、安装现场验收记录；

（3）双层复合隔墙中隔声、防火、保温等填充材料的设置验收记录。

一、检验批验收

条板隔墙的检验批应以同一品种的轻质隔墙工程每50间（大面积房间和走廊按轻质隔墙的墙面 $30m^2$ 为一间）划分为一个检验批，不足50间应划分为一个检验批。对于条板隔墙工程的检查数量，每个检验批应至少抽查10%，但不得少于3间，不足3间时应全数检查。

检验批主控项目和一般项目的质量应经抽样检验合格，应具有完整的施工操作依据、质量检查记录。条板隔墙工程检验批质量验收记录如表2－6所示。

表2－6　　　　工程检验批质量验收记录

<table>
<tr><td colspan="2">工程名称</td><td></td><td>结构类型</td><td></td><td>检验批次</td><td></td></tr>
<tr><td colspan="2">施工单位</td><td></td><td>项目经理</td><td></td><td>项目技术负责人</td><td></td></tr>
<tr><td colspan="2">分包单位</td><td></td><td>分包单位负责人</td><td></td><td>分包单位项目经理</td><td></td></tr>
<tr><td>序号</td><td colspan="2">检验批部位、区段</td><td colspan="2">施工单位检查评定结果</td><td colspan="2">监理（建设）单位验收结论</td></tr>
<tr><td>1</td><td colspan="2"></td><td colspan="2"></td><td colspan="2"></td></tr>
<tr><td>2</td><td colspan="2"></td><td colspan="2"></td><td colspan="2"></td></tr>
<tr><td>3</td><td colspan="2"></td><td colspan="2"></td><td colspan="2"></td></tr>
</table>

续表

序号	检验批部位、区段	施工单位检查评定结果	监理（建设）单位验收结论
4			
5			
6			
7			
8			
9			
检查结论	项目专业技术负责人： 年　月　日	验收结论	监理工程师： （建设单位项目专业技术负责人） 年　月　日

（一）主控项目

（1）隔墙条板的品种、规格、性能、外观应符合设计要求。对于有隔声、保温、防火、防潮等特殊要求的工程，板材应满足相应的性能等级。

检验方法：观察，检查产品合格证书、进场验收记录和性能检测报告。

（2）条板隔墙的预埋件、连接件的位置、规格、数量和连接方法应符合设计要求。

检验方法：观察，尺量检查，检查隐蔽工程验收记录。

（3）条板之间、条板与建筑主体结构的结合应牢固，稳定，连接方法应符合设计要求。

检验方法：观察，手扳检查。

（4）条板隔墙安装所用接缝材料的品种及接缝方法应符合设

计要求。

检验方法：观察，检查产品合格证书和施工记录。

（二）一般项目

（1）条板安装应垂直、平整、位置正确，转角应规整，板材不得有缺边、掉角、开裂等缺陷。

检验方法：观察，尺量检查。

（2）条板隔墙表面应平整、接缝应顺直、均匀，不应有裂缝。

检验方法：观察，手摸检查。

（3）隔墙上开的孔洞、槽、盒应位置准确、套割方正、边缘整齐。

检验方法：观察。

条板隔墙安装的允许偏差和检验方法应符合表2－7的规定。

表2－7 条板隔墙安装的允许偏差和检验方法

序号	项目	允许偏差（mm）	检验方法
1	墙体轴线位移	5	用经纬仪或拉线和尺检查
2	表面平整度	3	用2m靠尺和楔形塞尺检查
3	立面垂直面	3	用2m垂直检测尺检查
4	接缝高低	2	用直尺和楔形塞尺检查
5	阴阳角方正	3	用方尺及楔形塞尺检查

二、分项工程验收

条板隔墙工程是建筑装饰装修工程的分项工程，质量验收合格应符合下列规定：

（1）分项工程质量验收所含的检验批均应符合合格质量的规定；

（2）分项工程质量验收所含的检验批的质量验收记录应完整。

检验批及分项工程应由监理工程师（建设单位项目技术负责人）组织施工单位项目专业质量（技术）负责人等进行验收。

条板隔墙施工分项工程验收记录应按表2－8要求填写。

表2－8　　分项工程验收记录

<table>
<tr><td colspan="2">工程名称</td><td></td><td>开工时间</td><td></td></tr>
<tr><td colspan="2">分项工程名称</td><td></td><td>验收部位</td><td></td></tr>
<tr><td colspan="2">施工单位</td><td></td><td>项目经理</td><td></td></tr>
<tr><td colspan="2">分包单位</td><td></td><td>项目经理</td><td></td></tr>
<tr><td colspan="2">施工执行标准</td><td></td><td>标准编号</td><td></td></tr>
<tr><td></td><td colspan="2">质量验收规范的规定</td><td>施工单位检查评定记录</td><td>监理（建设）单位验收记录</td></tr>
<tr><td rowspan="5">主控项目</td><td>1</td><td></td><td></td><td></td></tr>
<tr><td>2</td><td></td><td></td><td></td></tr>
<tr><td>3</td><td></td><td></td><td></td></tr>
<tr><td>4</td><td></td><td></td><td></td></tr>
<tr><td>5</td><td></td><td></td><td></td></tr>
<tr><td rowspan="5">一般项目</td><td>1</td><td></td><td></td><td></td></tr>
<tr><td>2</td><td></td><td></td><td></td></tr>
<tr><td>3</td><td></td><td></td><td></td></tr>
<tr><td>4</td><td></td><td></td><td></td></tr>
<tr><td>5</td><td></td><td></td><td></td></tr>
<tr><td colspan="3">施工单位检查评定结果</td><td colspan="2">项目专业质量检查员：　　年　月　日</td></tr>
<tr><td colspan="3">监理（建设）单位检查验收结论</td><td colspan="2">监理工程师：
（建设单位项目专业技术负责人）
年　月　日</td></tr>
</table>

当条板隔墙安装质量不满足要求时，应按下列规定进行处理：

（1）经返工重做的检验批，应重新进行验收；

（2）经部分返修后，能满足使用要求的工程，可按技术方案和协商文件进行验收；

（3）经返工重做，重新验收仍不满足要求的工程，不应验收。

第五节 示　例

一、项目名称

嘉誉湾花园隔墙施工工程。

二、项目概况

本工程共 15 栋，单栋单层安装墙板面积约 180 m^2，安装墙板面积约 80000 m^2，施工计划总工期 240 天，按安装工序和进度要求，墙板安装工序任务为每天 330m^2，计划安装人员分为 8 组，每组每天完成安装任务不少于 40m^2。

本项目所用非重吊挂内墙板为 80mm 与 100mm 厚的蒸压陶粒混凝土空心墙板，成品宽 200～600mm，板与板之间采用专用砂浆进行粘接固定，板与梁、结构板采用 L 形钢卡、胶垫、专用砂浆固定，板与柱、墙采用 U 形钢卡和专用砂浆固定。重吊挂内墙采用 ALC 实心墙板安装，固定方式与陶粒混凝土空心墙板一致。100mm 厚墙体采用厚度 100mm 的墙板单层安装，200mm 厚墙体采用厚度 80mm 的墙板双层、中间 40mm 的空腔安装。安装施工范围包括户内隔墙、公共区域隔墙、楼梯隔墙（见图2－11）。

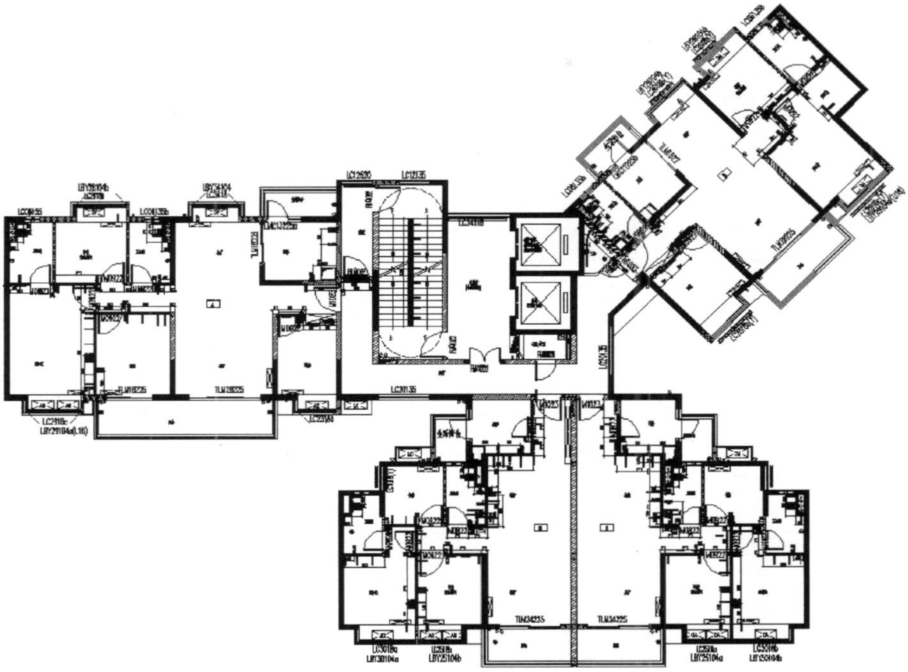

图2－11　嘉誉湾花园隔墙施工工程标准层平面布置图

三、方案编制依据

方案编制依据（见表2－9）：

表2－9　方案编制依据

序号	标准名称	标准编号
1	《建筑隔墙用轻质条板通用技术要求》	JGT 169—2016
2	《建筑用轻质隔墙条板》	GB/T 23451—2009
3	《建筑轻质条板隔墙技术规程》	JGJ/T 157—2014
4	本工程结构、建筑施工图纸	—
5	本工程施工组织设计	—
6	本工程项目招标文件所列明的质量要求	—

四、项目经理及主要管理人员

项目经理及主要管理人员如表2-10所示，安装施工人员经过公司培训、安全技术交底，项目安全培训交底后上岗作业。

表2-10　　项目经理及主要管理人员

序号	姓名	性别	岗位职务	备注
1	王某某	男	项目经理	—
2	李某某	男	生产负责人	—
3	刘某某	男	商务经理	—
4	张某某	男	技术负责人	—
5	朱某某	男	安装现场管理	—
6	赵某某	男	安装现场管理	—
7	宋某某	男	安全员	—
8	周某某	男	质量员	—
9	杨某某	男	资料员	—

五、材料质量措施

（1）原材料送检，检验合格后方可进行生产；

（2）成品样品送检，检验各项性能指标，确保产品合格；

（3）按规程操作生产，确保生产产品符合出厂要求；

（4）出厂前必需对产品进行检查，不合格的产品严禁发货；

（5）根据项目所在地对墙板产品安装施工的要求，工程上使用的墙板和砂浆组织监理见证下送第三方检测强度等物理性能。

六、产品生产质量防止措施

（1）成品吊装采用专用吊具，轻吊轻放，防止断裂和破损；

（2）严把生产质量，材料符合标准，产品出厂检验合格，实行工号责任制；

（3）成立质量管理小组，负责生产、发货过程的控制，质量自检，责任考核；

（4）实行生产工艺技术交底，明确质量控制要点和质量标准，确保产品出厂合格；

（5）产品质量必需符合表 2－11 至表 2－13 所示质量性能指标：

表 2－11　物理性能指标

项目		标准指标
抗冲击性能（次）		≥5
抗弯破坏荷载（板自重倍数）		≥1.5
抗压强度（Mpa）		≥7.5
软化系数		≥0.8
干燥收缩值（mm/m）		≤0.6
吊挂力（N）		≥1000
耐火极限（min）		≥60
空气声计权隔声量（dB）		≥35dB
含水率（%）		≤12
面密度 kg/m^2（100m 厚）		≤110
放射性	内照射指数	≤1.0
	外照射指数	≤1.0

表 2-12　　外观质量

序号	项目	标准指标
1	板面外露筋纤：飞边毛刺，板面泛霜，板的横向、纵向、厚度方向贯通裂缝	无
2	板面裂缝，长度 50~100mm，宽度 0.50~1.0mm	≤2 处/板
3	蜂窝气孔，长径 5~30mm	≤3 处/板
4	缺棱掉角，宽度×长度 10mm×25mm~20mm×30mm	≤3 处/板
5	空心条板壁厚（mm）	≥12

表 2-13　　板材允许尺寸偏差

序号	墙板厚度	项目	标准允许偏差（mm）
1	80/100	长度	±5
2	80/100	宽度	±2
3	80/100	厚度	±2
4	80/100	板面平整	≤2
5	80/100	对角线差	≤6
6	80/100	侧向弯曲	L/1000

七、墙板防火

分户墙、分隔墙、走廊隔墙和楼梯间隔墙均满足防火要求，墙板的耐火性能和传热性能均符合《建筑构件耐火试验方法》GB/T 9978—2008 第 1 部分、第 8 部分和《绝热　稳态传热性质的测定　标定和防护热箱法》GB/T 13475—2008 的要求。

八、墙板隔声

墙板均满足隔声要求，墙板的隔声均符合《建筑用轻质隔墙条板》GB/T 23451—2009、《建筑隔声评价标准》GB/T 50121—2005 的要求。

九、墙板抗震

在抗震设防区，墙板与顶板、梁、墙柱的连接应满足国家抗震设计规范及墙板行业标准《建筑轻质条板隔墙技术规程》JGJ/T 157—2014 的要求。

十、隔墙条板施工流程

（一）深化排版设计

由技术部按甲方提供的建筑图、结构图、装修水电布置图、结合现场察勘等进行墙板安装的深化排版设计，规定各安装连接节点的处理措施，统计各规格墙板、安装辅材的用量，给墙板备货、辅材采购、配送和安装提供依据。

制订墙板安装后水电安装、吊挂以及业主二次装修等的指导性注意事项。

（二）样板房安装

根据深化排版图和甲方开放展示的需要，选择代表性的户型，按照深化设计要求，提前在工程项目进行墙板安装，安装工序必须遵循以下要求进行：

依深化设计图放线→复核校正放线→材料运送→构造墙、柱安装卡码→墙板开线管接口→构造墙柱、结构板、梁底挂浆→板顶塞孔→板顶、板侧刮砂浆→放置顶胶→立板→推挤使竖向板缝控制在8mm左右→板底设木楔、墙板顶升到位→调整墙板垂直度、平整度→板顶企口处安装卡码→板缝刮挤砂浆至饱满→静置养护7天（视天气情况调整）→水电开槽、安装→拆除板底木楔→接缝挂抗裂网、砂浆抹平收口→静置养护7天（视天气情况调整）→墙体表面粉刷装饰。

样板房墙板安装完毕，技术部深化设计人员组织总包单位、业主单位、监理单位相关人员进行验收，根据样板情况对深化排版设计进行调整，正式安装施工图经项目技术负责人审核后实施。

（三）材料备货与配送

生产部按技术部出具的墙板安装材料清单提前20天进行备货，为满足墙板运输、搬运、安装的强度要求，所有墙板必须满足蒸压养护龄期才能出厂；成本部提前10天采购相应的满足技术要求的安装辅材。产品发货以层用量进行组织，确保项目能逐层完成安装任务。

（四）墙板材料上楼

楼层内放线完毕后，按每层实际需要的墙板、安装砂浆、辅材运到楼层，放置在不影响墙板安装操作的位置。

（五）墙板安装

遵循以下工序要求进行墙板安装：

依深化设计施工图复核校正放线→构造墙、柱安装卡码→墙板开线管接口→构造墙柱、结构板、梁底挂浆→板顶塞孔→板顶、板侧刮砂浆→放置顶胶→立板→推挤使竖向板缝控制在8mm左右→板底设木楔、墙板顶升到位→调整墙板垂直度、平整度→板顶企口处安装卡码→板缝刮挤砂浆至饱满，重复步骤安装下一块墙板。

1. 定位放线校准

清理好施工现场，根据控制线复核墙板安装定位边线，必要时用墨斗将定位线弹清晰。按墙板定位线正确安放好激光投线仪，观察定位线与上梁边、结构墙边是否重合，当出现偏差超出 4mm 时必须报告管理人员确认，得到明确答复后才能进行下一步工作。

2. 选板、塞泡沫棒、上砂浆、垫胶块

（1）选好长度、厚度、型号与图纸要求一致的板，按排版图的顺序从一头开始依次进行安装。若隔墙上有门窗洞口时，应从门窗洞口向两侧排板，尽量保持门窗洞口两侧为整板。

（2）为了保证砂浆有足够的粘接力，切割板的宽度必须控制在空位宽度 15mm，切割后必须对切口清理平净；装墙板时板侧、板顶预抹砂浆厚度要达 15mm 以上，两板间缝隙以 8mm 为宜，板顶缝隙以 10mm 为宜。

（3）门位置无现浇的下挂梁，且门洞上方高度超过 200mm 时，则需安装门过梁，门过梁用板材横置，梁端在墙板上的搁置长度必须大于 120mm。

（4）砂浆拌制掌握好用水量，搅拌均匀后停放 5 分钟，再搅拌一次后使用。一次的拌制量以 1 小时内能用完为宜，并且必须将已拌好的砂浆连续使用完才能下班。

（5）墙板的顶部、接触的结构墙体及侧边凹槽，有孔洞的先用泡沫棒塞紧，预先抹上 15mm 厚砂浆，预抹砂浆必须均匀饱满，一般将砂浆做成“∧”形，并在每块板顶部放置 1 块胶垫。

3. 墙板安装

（1）立板时，两个人站在上胶垫的一端，同时用力竖起墙板，安装第一块板时要将板的阳榫靠主体结构、并嵌入 U 形卡码内。墙板立起后，如板不到位，两个人扶稳墙板，把墙板左右摆动，让板移动，移动到定位线的位置。把墙板靠向墙或柱。扶板人员手应扶在板的平面和空的侧面，防止夹伤手指，校板人员用撬棍撬动板，快速将墙板对上墨线。

（2）板底垫上木楔，放入撬棍，用撬棍使墙板靠近墙或柱，并控制拼接缝在8mm左右。

（3）用木楔从底部顶起墙板，使墙板基本固定，对板面的垂直度和平整度进行校准。然后打紧木楔使墙板与结构梁、板顶到位即可，切记不可过紧，防止沉降造成墙板横裂。

（4）在板上方凹槽与结构之间打入安装L形钢码，继续安装下一块墙板。

（5）安装完一面墙后，及时从另一面对墙面平整度进行检查，校正超出质量要求的墙板，使墙的可见面平整度和垂直度都符合质量要求。校正完毕，对墙体所有拼缝刮满砂浆并清除凸出的部分。

4. 小缺陷修补

墙板安装后应把崩角、裂纹、小孔等小缺陷及时修补好。

（六）水电安装

墙板安装静置满14天后，可进行墙面的水、电管线安装。

（1）利用墙板空芯孔作为水电管线的通道。在墙板开凿水、电安装孔洞，必须画出线，沿线用砂轮切割机进行切割、再剔除粘结的混凝土，严禁用电锤直接在墙板上打孔、槽。

（2）管线安装后用5%膨胀系数的砂浆进行补槽。

（七）取木楔、接缝处理

（1）管线安装完毕，将木楔拔出用安装砂浆将木楔留下孔洞塞严。

（2）挂网和砂浆抹平，具体做法是：先在拼缝处批上约2毫米厚的抹面砂浆，对准板缝处粘接网格布，再用抹面砂浆将企口抹平。

（八）墙面质量检查与修补处理

（1）用靠尺寸测量墙面的平整度和垂直度。对因墙板变形引起负偏差，用抹面砂浆补平整。对因墙板变形引起正偏差，用砂轮磨机打磨平整。

（2）对于因收缩引起的拼缝开裂、墙板开裂，采用专用的划槽工具沿裂缝划出深3mm、宽2mm的沟槽，用毛刷清理干净沟槽，用刮刀刮入专用修补胶泥进行修复。

（3）对于因砂浆不饱满引起的拼缝开裂，用砂轮机切割出深15mm、宽10mm的V槽，用毛刷清理干净沟槽，用刮刀刮入专用修补胶泥进行修复。

（九）安装质量要求及标准

（1）安装好的隔墙板的面层不得有掉角、裂缝的现象，面层应平整光滑。

（2）相邻板接缝、上下两端与梁板或地面接缝应砂浆饱满密实，不得出现干缩裂缝。

（3）玻纤网条应沿板缝居中压贴紧密，不应有皱折、翘边、外露现象。

（4）图纸上标有的门窗、消防栓、各类管道洞口及预留线管要预留出来，门洞位置、尺寸要满足图纸设计要求。

（5）垂直度以层高小于4mm、可见面平整以2.5m范围内小于4mm、板面裂缝大于6mm的气孔全部修补刮平。

第三章

装配式整体卫生间

当前，装配式建筑成为我国建筑业转型发展的热点和焦点。2015 年 12 月，中央城市工作会议明确提出：“发展新型建造方式，大力推广装配式建筑。”2016 年 9 月，国务院常务会议专题研究装配式建筑发展，提出力争用 10 年左右的时间，使装配式建筑占新建建筑的比例达到 30%。随后，国务院办公厅正式印发了《关于大力发展装配式建筑的指导意见》，各地方也相继出台了支持政策。在国家强有力的政策推动和全行业的积极推动下，我国装配式建筑发展已经迈入了快车道，市场对装配式建筑部品的需求也在逐渐增多。作为典型的装配式内装部品，整体卫生间的工程应用和市场需求也越来越多。

装配式整体卫生间是对新型工业化生产的卫浴间产品的统称，从安装方式上划分，主要分为现场装配式和整体吊装式两种类型，行业内也称“整体卫浴”，装配式整体卫生间由防水盘、壁板、顶板及支撑龙骨构成主体框架，并与各种洁具及功能配件组合而成的通过现场装配或整体吊装进行装配安装的独立卫生间模块。集成卫生间模块包括如厕、洗涤、盥洗、洗浴、洗衣、收纳等功能，应根据套型定位及一般使用频率和生活习惯进行合理布局。卫生间设计应遵循模数协调的标准，设计标准化的卫生间模块，满足功能要求并实现工厂化生产和现场干法施工，优先选用同层排水的整体式卫生间。地面、吊顶、墙面和洁具设备及管线等通过设计集成、工厂生产，在工地主要采用干式工法装配而成。

装配式整体卫生间具有重量轻、强度高、无辐射、环保健康、材料使用寿命长、干法施工不产生垃圾等优点，能大大提高施工效率、提升装修质量、减少对人工的依赖（见图3－1）。

图3－1　集成卫生间

第一节
准备阶段

目前，国内的整体卫生间市场越来越大，各种材料的产品也应运而生，如片状模塑料（SMC）、彩钢板、铝蜂窝复合板等，在这里规定整体卫生间所用材料的性能和质量应符合设计要求，并应符合国家现行有关标准的规定。各种洁具及功能配件的性能应符合国家现行相关产品标准的规定。

金属材料和配件应采取表面防腐蚀处理措施，金属板的切口及开孔部位应进行密封或防腐处理。卫生间内是高温高湿环境，对于彩钢板壁板，虽然表面有镀锌处理等防腐措施，但金属切口的部分是薄弱环节，需做好防腐措施。木质材料应进行防腐、防虫处理。

在整体卫生间的安装中，接缝处应用密封胶还是普遍的，特别对密封胶的性能做了要求。

密封胶的粘结性、环保性、耐水性和耐久性应满足设计要求，并应具有不污染材料及粘结界面的性能，且应满足防霉要求。

从安全性和使用耐久性的角度，对整体卫生间的防滑性能和耐磨性能进行了规定。

一、材料分类

装配式整体卫生间按照材质主要分为四类，分别是 FRP 整体卫生间、SMC 整体卫生间、彩钢板整体卫生间、瓷砖壁板整体卫生间。

（一）FRP 整体卫生间

FRP（Fiber Reinforced Plastics），俗称玻璃钢。传统 FRP 工艺不需要大型机器，采用木模，用人工手糊方式生产，自然干燥脱模成型。所以其优点是可以根据工程现场的实际情况做出各种造型。缺点是机械化程度低，生产周期长，质量不稳定，抗老化程度相对较差，使用寿命较短，质感较差，现已较少使用（见图 3－2）。

图 3-2　FRP 装配式整体卫生间

（二）SMC 整体卫生间

SMC（sheet moulding compound），由化学增稠的不饱和聚酯树脂、填料、玻璃纤维增强材料组成的一种航空复合材料，学名"片状模塑料"，是一种不饱和聚酯树脂材料，也是玻璃钢的一种。通过加温加压，使熔融片状模塑料均匀地充满模版内腔，再经过一段时间的保压加热，固化成型。SMC 产品最先出现在 20 世纪 60 年代初的欧洲，后来美、日相继改进了这种工艺（见图 3-3）。

SMC 底座由大型机械高温一次模压成型，机械化程度高，质量有保证，防滑性能好，隔热保温性能好，不会有冰凉感。缺点是对于项目上个别形状不同的卫生间，不便于单独定制。

SMC 壁板的优点是质轻、耐腐蚀、使用寿命长；隔热保温性能好，密度大、表面光洁，无微孔，易于清洁，不藏污垢，有效抑制细菌繁殖。缺点是色彩简单，有塑料感，敲触有空洞感。

SMC 整体卫生间价格相对便宜，加单色或彩色覆膜，主要用于经济型宾馆、保障房和刚需类商品住宅。

SMC底座

SMC壁板

图 3－3　SMC 装配式整体卫生间

（三）彩钢板装配式整体卫生间

彩钢板的优点是色彩丰富鲜艳，表面美观，钢板强度较高。缺点是施工过程中易划伤，导致损耗较大，造成成本增加，故在工程中使用率不高（见图 3－4）。

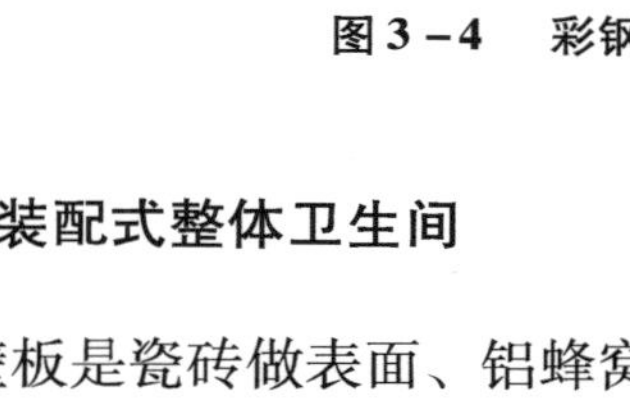

图 3－4　彩钢板

（四）瓷砖壁板装配式整体卫生间

瓷砖壁板是瓷砖做表面、铝蜂窝板做基材的复合壁板。其优点是强度高，隔音效果好，质感稳重，色彩丰富，图案多样，可很好地满足了消费者的需求。缺点是价格较高，适用于高档酒店和精品住宅。一般采用干湿分区，能大大提高施工效率、提升装修质量、减少对人工的依赖。干区和湿区做空间分离，更有利于功能划分（见图 3 –5）。

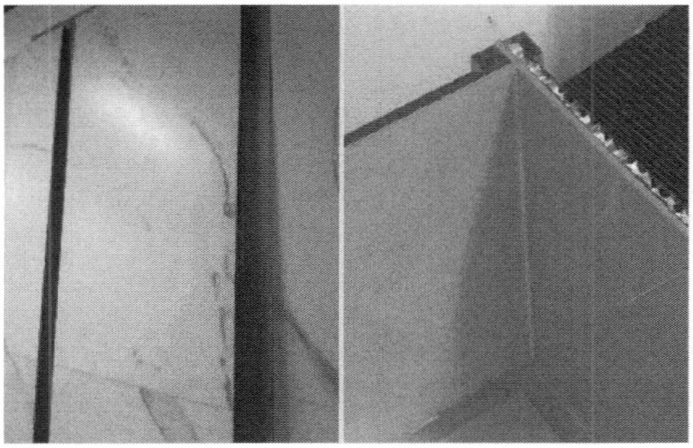

图 3 –5　瓷砖壁板装配式整体卫生间

装配式整体卫生间主要配件为：浴盆、浴盆水嘴、洗面器、洗面器水嘴、坐便器、低水箱、隐蔽式水箱或自闭冲洗阀、照明灯、肥皂盒、手纸盒、毛巾架、换气扇及镜子等。

装配式整体卫生间选用配件：淋浴间、浴缸扶手、梳妆架、浴帘、衣帽钩、电源插座、烘干器、清洁箱、电话、紧急呼唤器等。

二、材料性质、规格、性能

防水盘是整体卫生间底部起到防水作用的核心部件，目前市场上常用的防水盘多是一体化成型制作，以保证其整体防水性。集成式卫生间采用防水底盘时，防水底盘的固定安装不应破坏结构防水层，防水底盘与壁板、壁板与壁板之间应有可靠连接设计，并保证水密性。防水盘的设置很好地解决了淋浴间的防水处理问题。它一般使用 SMC 材料一次成型，表面进行防滑处理，与壁板、顶盘三者之间用密封胶密封，以确保无渗漏。所有管线在防水盘底部、壁板内部、顶板上部进行布置，所以顶盘和壁板上应设置检修口。防水盘下部设置脚撑，方便调整洗浴间地面的平整度。考虑到干湿分区和同时使用的问题，也可将卫生间和洗浴间分开。

防水盘材料性能要求如表 3－1 所示：

表 3－1　　防水盘材料性能要求

<table>
<tr><th>项目</th><th colspan="2">性能要求</th><th>试验方法</th></tr>
<tr><td>挠度（mm）</td><td colspan="2">≤3</td><td rowspan="12">按现行国家标准《整体浴室》GB/T 13095—2021 的规定执行</td></tr>
<tr><td>巴柯尔硬度</td><td colspan="2">≥35</td></tr>
<tr><td>耐砂袋冲击</td><td colspan="2">表面无变形、破损及裂纹等缺陷</td></tr>
<tr><td>耐落球冲击</td><td colspan="2">表面无裂纹等缺陷</td></tr>
<tr><td>耐渗水性</td><td colspan="2">无渗漏现象</td></tr>
<tr><td rowspan="2">耐酸性</td><td>外观</td><td>无裂纹、无分层等缺陷</td></tr>
<tr><td>巴柯尔硬度</td><td>≥30</td></tr>
<tr><td rowspan="2">耐碱性</td><td>外观</td><td>无裂纹、无分层等缺陷</td></tr>
<tr><td>巴柯尔硬度</td><td>≥30</td></tr>
<tr><td>耐污染性</td><td colspan="2">色差 ΔE≤3.5</td></tr>
<tr><td>耐热水性 A</td><td colspan="2">表面无裂纹、鼓泡或明显变色</td></tr>
<tr><td>耐热水性 B</td><td colspan="2">表面无裂纹、鼓泡或明显变色</td></tr>
</table>

三、施工机具

（一）必备工具

手电钻、可调节开孔器、开孔器、内六角套筒、角磨机、试压泵、PPR 管热熔器、红外线调平仪、“人”字梯、线盘、吸盘、胶枪、作业灯、手锯、弹线盒、500mm 水平尺、美工刀、打压条木块、平嘴钳、尖嘴钳、斜口钳、树剪、管钳、剥线钳、扭力扳手、10－12#扳手、棘轮扳手、活动扳手、内六角扳手、十字起、一字起、半圆锉、平挫、试电笔、锁紧治具、羊角锤、胶锤、卷尺、角尺、铅笔（见图3－6－1、图3－6－2）。

图3－6－1　装配式整体卫生间施工工具

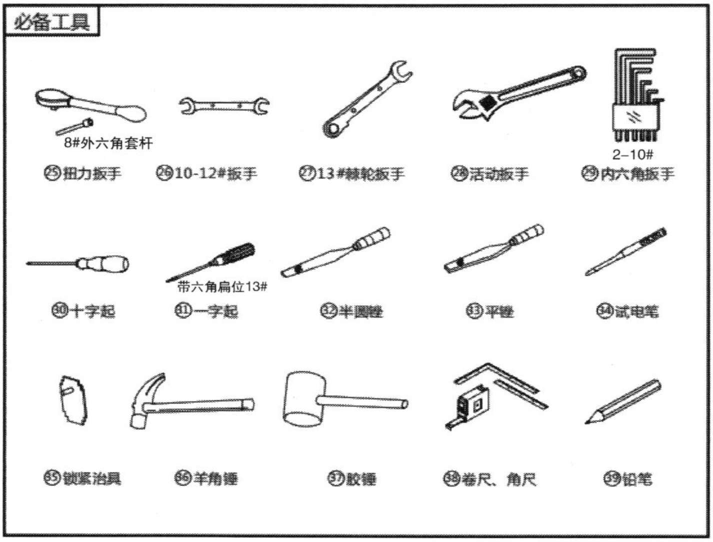

图3-6-2 装配式整体卫生间施工工具

（二）备用工具

充电钻、切割机、线坠、射钉枪、电锤钻、手电筒、铲子、卫生清洁工具扫帚等（见图3-6-3）。

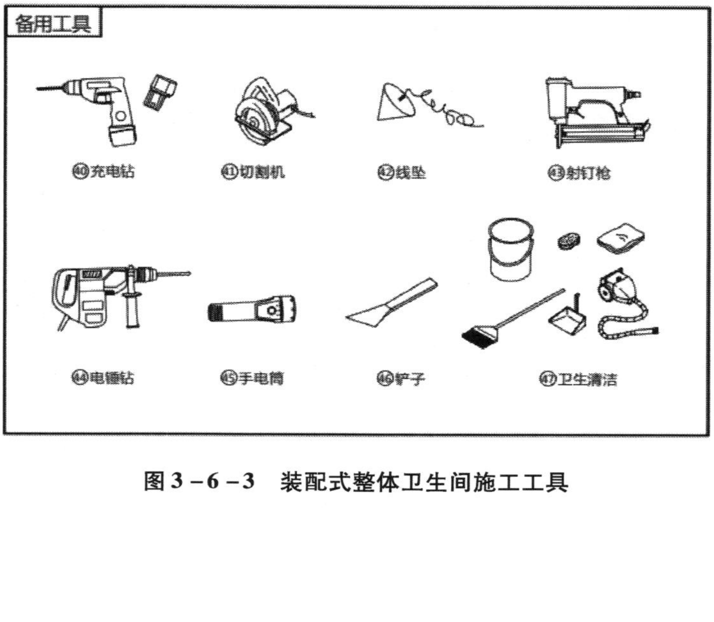

图3-6-3 装配式整体卫生间施工工具

四、标准规范

相关标准规范如表 3 – 2 所示。

表 3 – 2 规范标准

序号	标准名称	标准编号
1	《装配式整体卫生间应用技术标准》	JGJ/T 467—2018
2	《住宅整体卫浴间》	JG/T 183—2011
3	《整体浴室》	GB/T 13095—2021
4	《建筑装饰装修工程质量验收规范》	GB 50210—2018

五、技术准备

装配式混凝土建筑内装设计应与建筑设计同步进行，做到建筑、结构、设备、装修等专业之间有机衔接，并选用标准化、系列化的参数，满足建筑设计的模数统一协调的要求。主要部品部件应采用标准化设计，以工厂加工为主，减少现场湿作业。在与预制构件连接时应采用预留预埋的安装方法，当采用其他安装固定法时，不得影响预制构件的完整性和结构安全。

装配式混凝土建筑应采用工业化生产的集成化部品进行内装设计，保证具有通用性和互换性，应采用管线分离的方法，满足内装部品的连接、检修更换和设备及管线使用年限的要求，延长建筑使用寿命和提高舒适度。

集成卫生间设计应与建筑结构一体化设计，工厂化生产，现场一次性安装到位。集成卫生间设计宜干湿分离，综合考虑洗衣机、排气扇、暖风机等设备并采用标准化部品，在与给排水、电气等系统预留的接口连接处设置检修口，并应做等电位连接。

整体卫生间的设计应满足使用过程中维护更新的要求，结构设计应满足运输、安装、使用等方面的强度要求，壁板与壁板、壁板与防水盘、壁板与顶板的连接构造应满足防渗漏和防潮的要求，地面应满足防滑要求。整体卫生间内不应安装燃气热水器（见图3-7）。

图3-7 装配式整体卫生间

（一）装配式整体卫生间建筑策划

建筑设计应协调结构、内装、设备等方面共同确定整体卫生间的布局方案、结构方案、设备管线敷设方式和路径、主体结构孔洞尺寸预留以及管道井位置等。

装配式整体卫生间宜采用同层排水方式。当采取结构局部降板方式实现同层排水时，应结合排水方案及检修要求等因素确定降板区域。降板高度应根据防水盘厚度、卫生器具布置方案、管道尺寸及敷设路径等因素确定。由于国内建筑市场普遍对于建筑层高的增加比较敏感，所以整体卫生间在结合同层排水技术应用时，经常采用局部降板的方式，其降板高度应根据卫生器具的布置、降板区域、管径大小、管道长度等因素确定。

1. 整体卫生间的尺寸选型应与建筑空间尺寸协调，并应符合下列规定

（1）整体卫生间的尺寸型号说明宜为内部净尺寸；

（2）整体卫生间的内部净尺寸宜为基本模数100mm的整数倍；

（3）整体卫生间的尺寸选型和预留安装空间应在建筑设计阶段与厂家共同协商确定，典型平面布局可按图 3－8 选用。图 3－8 为整体卫生间企业在工程中应用较多的部分典型平面布局的梳理和汇总，设计人员可根据需要参考选用。

功能	示意图	说 明
便溺	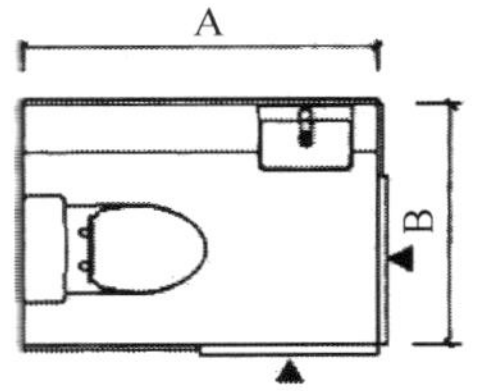	①A不小于1200mm，B不小于800mm； ②管井风道宜设计在整体卫生间外部 注：空间使用面积不应小于1.10m^2
洗浴（淋浴、盆浴）	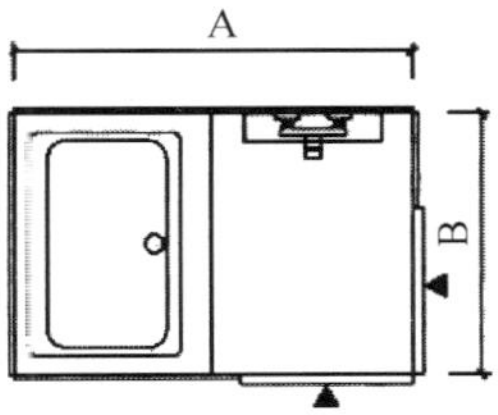	①A不小于1600mm，B不小于1200mm； ②管井风道宜设计在整体卫生间外部
便溺、洗浴	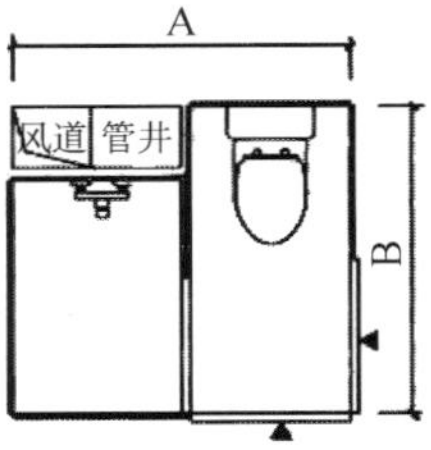	①A不小于1400mm，B不小于1200mm； ②管井风道可设计在卫浴建筑空间内部 注：空间使用面积不应小于2.0m^2

注： 表示整体卫生间门洞。

图 3－8－1　装配式整体卫生间典型平面布局

目前市场上整体卫生间的型号多数是以内部净尺寸来确定的。如“1216”代表整体卫生间的内部净尺寸为 1200×1600mm，而建筑设计在进行空间预留时更关注的是整体卫生间的安装尺寸。因目前整体卫生间的类型很多，各厂家之间的产品除了规格型号存在差异，安装预留空间也存在差异，设计人员应在建筑设计阶段时与厂家共同协商确定预留的安装尺寸。

功能	示意图	说　明
便溺、盥洗、洗浴	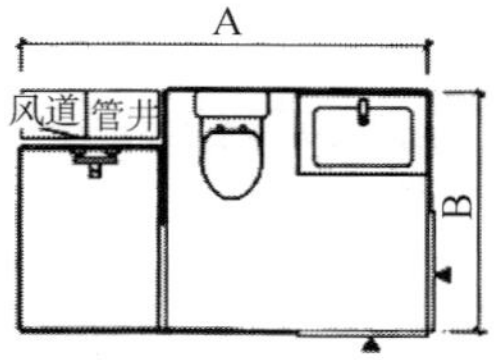	①A不小于1800mm，B不小于1200mm； ②管井风道可设计在卫浴建筑空间内部 注：空间使用面积不应小于2.5m²
便溺、盥洗、洗浴（淋浴）	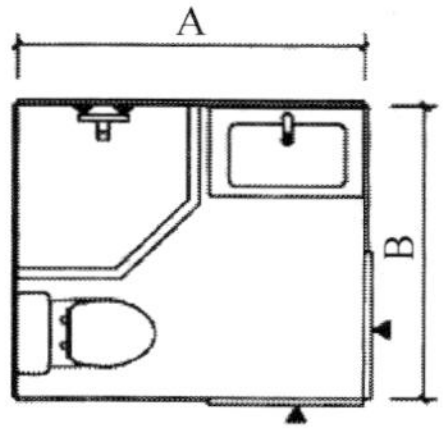	①A不小于1600mm，B不小于1400mm； ②管井风道宜设计在整体卫生间外部
便溺、盥洗、洗浴	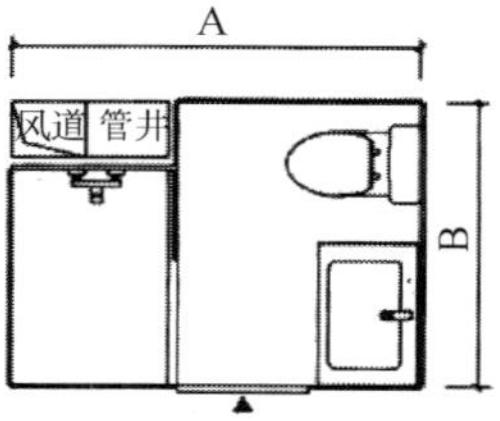	①A不小于2000mm，B不小于1300mm； ②管井风道可设计在卫浴建筑空间内部 注：空间使用面积不应小于2.5m²
便溺、盥洗、洗浴	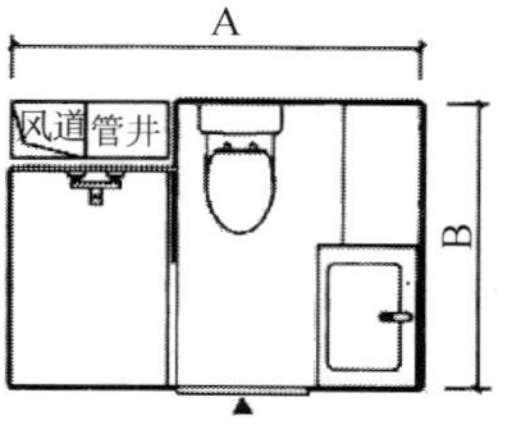	①A不小于2000mm，B不小于1300mm； ②管井风道可设计在卫浴建筑空间内部 注：空间使用面积不应小于2.5m²

注：▲ 表示整体卫生间门洞。

图3－8－2　装配式整体卫生间典型平面布局

2. 整体卫生间的预留安装尺寸应符合下列规定

（1）整体卫生间壁板与其外围合墙体之间应预留安装尺寸（见图3－9），并应符合下列规定：

①当无管线时，不宜小于50mm；

②当敷设给水或电气管线时，不宜小于70mm；

③当敷设洗面器墙排水管线时，不宜小于90mm。

功能	示意图	说　明
便溺、盥洗、洗浴	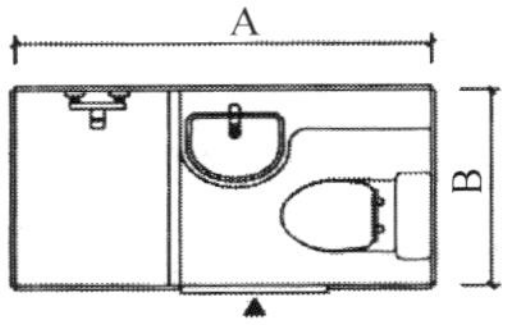	①A不小于1600mm，B不小于800mm； ②管井宜设计在整体卫生间外部 注：空间使用面积不应小于2.5m²
便溺、盥洗、洗浴	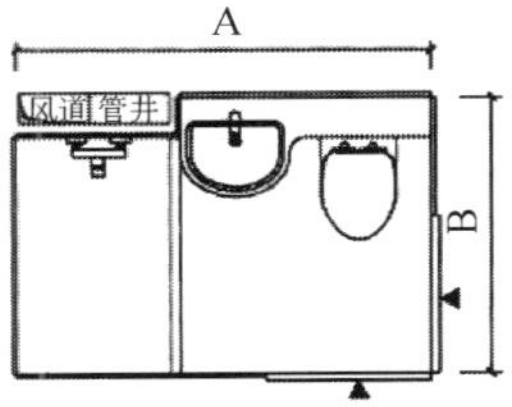	①A不小于1600mm，B不小于1200mm； ②管井风道可设计在卫浴建筑空间内部 注：空间使用面积不应小于2.5m²
便溺、盥洗、洗浴（盆浴）	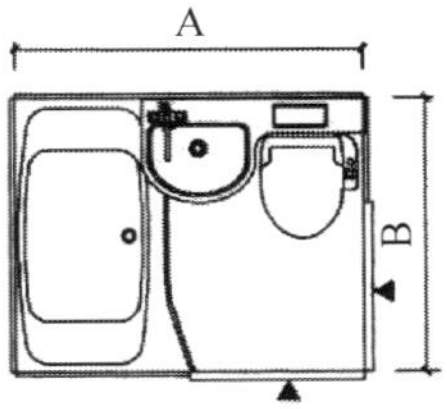	①A不小于1600mm，B不小于1300mm； ②管井风道可设计在卫浴建筑空间内部 注：空间使用面积不应小于2.5m²

注： 表示整体卫生间门洞。

图3-8-3　装配式整体卫生间典型平面布局

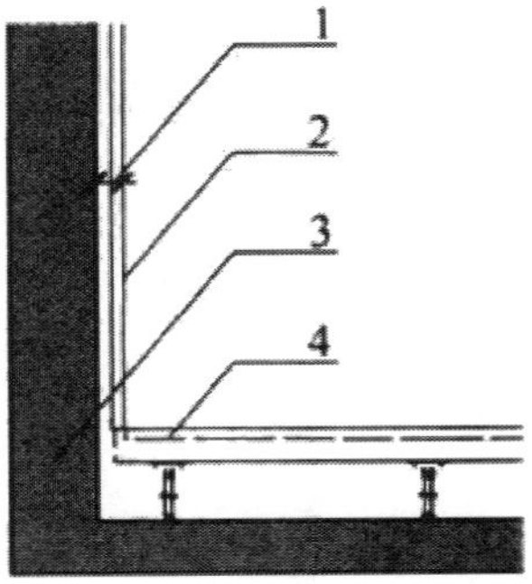

图3-9　整体卫生间壁板预留安装尺寸

注：1. 预留安装尺寸；2. 整体卫生间壁板内侧；3. 外围合墙体；4. 整体卫生间防水盘。

（2）目前我国市场上整体卫生间的类型较多，各厂家也在不断研发和改进原有技术及产品以适应市场和工程的需求。如和传统卫生间效果相似的瓷砖饰面、石材饰面的整体卫生间产品，微降板或不降板的整体卫生间同层排水技术，等等。虽然不同类型整体卫生间产品的预留安装尺寸存在差异，很难给出适应所有厂家的统一的预留安装尺寸要求，依据目前工程应用中量大面广的产品的预留安装要求制订相应的要求。当采用降板方式时，整体卫生间防水盘与其安装结构面之间应预留安装尺寸（见图 3－10），并应符合下列规定：①当采用异层排水方式时，不宜小于 110mm；②当采用同层排水后排式坐便器时，不宜小于 200mm；③当采用同层排水下排式坐便器时，不宜小于 300mm。

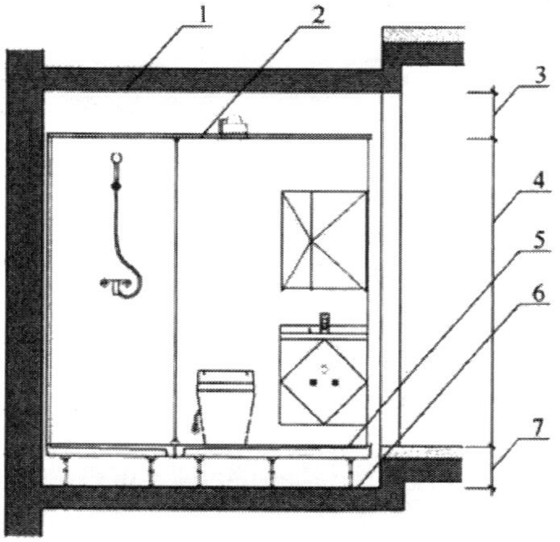

图 3－10 装配式整体卫生间防水盘、顶板预留安装尺寸

注：1. 卫生间顶部结构楼板下表面；2. 整体卫生间顶板内表面；3. 结构最低点与卫生间顶板间距；4. 卫生间净高；5. 防水盘面层；6. 卫生间安装的结构楼板上表面；7. 防水盘预留安装高度。

（3）整体卫生间顶板与卫生间顶部结构最低点的间距不宜小于 250mm。

3. 当整体卫生间设置外窗时，应与外围护墙体协同设计并应符合下列规定

（1）整体卫生间外围护墙体窗洞口的开设位置应满足卫生间内部空间布局的要求，窗垛尺寸不宜小于150mm（见图3－11）；

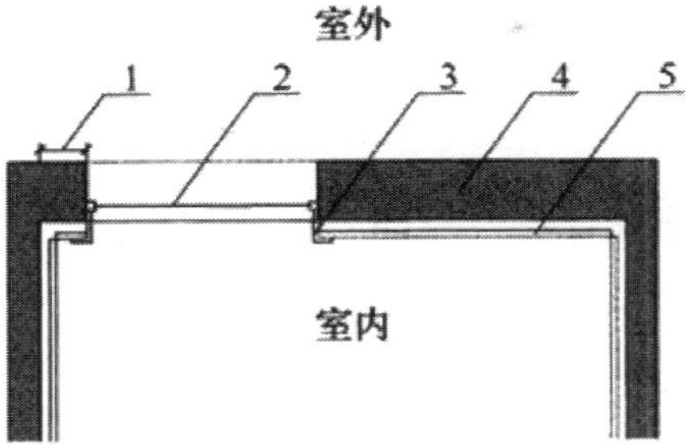

图3－11　整体卫生间外窗开设尺寸

注：1. 窗垛尺寸；2. 外窗；3. 窗套收口；4. 外围护墙体；5. 整体卫生间壁板。

（2）外围护墙体开窗洞口应开设在整体卫生间壁板范围内，窗洞口上沿高度宜低于整体卫生间顶板下沿不小于50mm（见图3－12）；

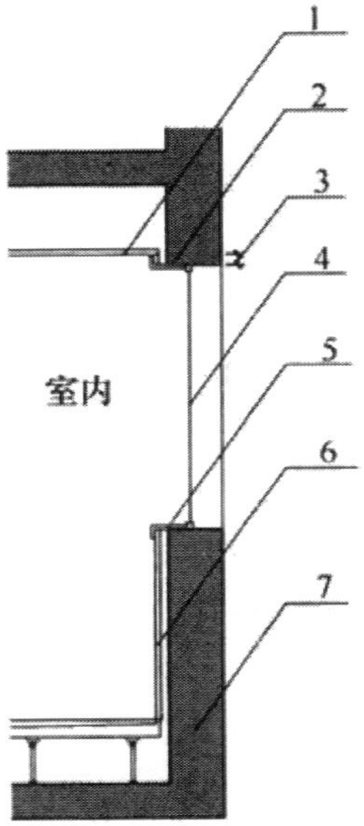

图3－12　整体卫生间外窗开设高度

注：1. 整体卫生间顶板下沿；2. 窗洞口上沿；3. 窗洞上沿与整体卫生间顶板下沿高差；4. 外窗；5. 窗套收口；6. 整体卫生间壁板；7. 外围护墙体。

（3）整体卫生间的壁板和外围护墙体窗洞口衔接应通过窗套进行收口处理，并应做好防水措施。整体卫生间本身是工业化程度很高的内装部品，但其与建筑连接部位的处理对其应用质量和效果有很大影响，尤其是与窗洞口的收边处理。

（4）整体卫生间开设外窗时，应考虑整体卫生间壁板与外围护墙体窗洞口衔接处窗套收口的安装距离及整体卫生间壁板与建筑墙体间的预留尺寸等要求，外围护墙体的窗垛应满足最小尺寸的要求。

考虑外围护墙体窗上口与整体卫生间壁板的收口处理构造，要求外围护墙体窗洞口上沿高度低于整体卫生间壁板上沿。

当整体卫生间的设备管线穿越主体结构时，应与内装、结构、设备专业协调，孔洞预留定位应准确。

4. 整体卫生间门的设计选型应与内装设计进行协调，其尺寸与定位应与其外围合墙体协调，并应符合下列规定

（1）应根据整体卫生间门及门套的选型尺寸要求，结合整体卫生间安装空间尺寸要求，确定外围合墙体的门洞尺寸和门垛尺寸；

（2）整体卫生间门洞口中心线应与其外围合墙体门洞口中心线重合（图 3－13）；

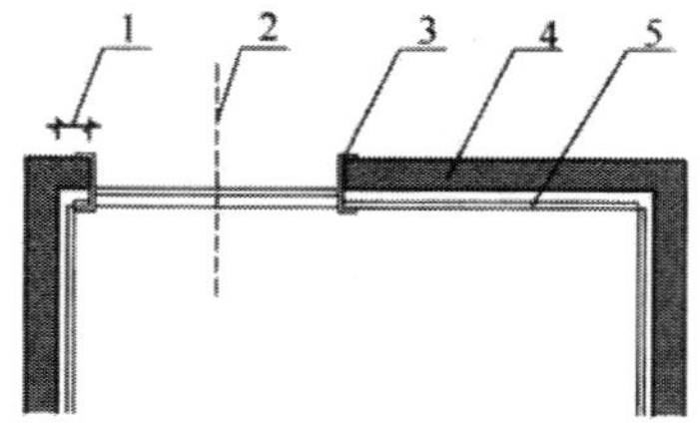

图 3－13 整体卫生间门洞与外围合墙体门洞位置关系

注：1. 门垛尺寸；2. 中心线；3. 整体卫生间门套；4. 外围合墙体；5. 整体卫生间壁板。

（3）整体卫生间门的尺寸和开启方式，应满足卫生间内部空间布局的要求；

（4）整体卫生间的门框与门套应与防水盘、壁板、外围合墙体

做好收口处理和防水措施。

整体卫生间的外围合墙体，除外围护墙、分户墙外，宜采用轻质隔墙。

（二）装配式整体卫生间给排水专业策划

装配式混凝土建筑设备与管线设计应采用标准化、集成化、一体化的方法，将给排水、采暖、通风、空调、电气及智能化等设备与管线系统设计，与建筑、结构、内装设计同步协同进行，形成各专业系统既相对独立又相互融合，最大限度节约空间，提高运行效能，便于管理与围护。

建筑设计时应根据所采用整体卫生间的管道连接要求进行给水、排水管道预留，整体卫生间选用管道材质、品牌和连接方式应与建筑预留管道相匹配。当采用不同材质的管道连接时，应有可靠连接措施。敷设管道和设置阀门的部位应留有便于安装和检修的空间，管道外壁应进行标识。

1. 整体卫生间的给水设计应符合下列规定

（1）与电热水器连接的塑料给水管道应有金属管段过渡，金属管长度不应小于400mm；

（2）当使用非饮用水源时，供水管应采取严格的防止误接、误用、误饮的安全措施；

2. 整体卫生间的排水设计应符合下列规定

（1）采用同层排水方式时，应按所采用整体卫生间的管道连接要求确定降板区域和降板深度，并应有可靠的管道防渗漏措施；

（2）从排水立管或主干管接出的预留管道，应靠近整体卫生间的主要排水部位。

（三）供暖通风设计

装配式混凝土建筑应采用适宜的的节能技术，维持良好的热舒适性、降低建筑能耗，减少环境污染，并充分利用自然通风。供暖、通风、空调系统宜优先采用模块化、标准化产品。

室内采暖系统可采用低温热水地面辐射供暖系统，也可采用散热器供暖系统。当采用低温热水地面辐射供暖系统时，宜采用干式工法敷设。有外窗的卫生间，当采用整体卫生间或采用同层排水架空地板时，宜采用散热器供暖。

整体卫生间内供暖通风设备应预留孔洞，安装设备的壁板和顶板处应采取加强措施。当有供暖要求时，整体卫生间内可设置供暖设施，但不宜采用低温地板辐射供暖系统。无外窗的整体卫生间应有防回流构造的排气通风道，并预留安装排气设备的位置和条件，全面通风换气次数应符合国家现行标准的规定，且应设置相应进风口。

（四）电气设计

装配式混凝土建筑电气与智能化设备及管线的设计，应做到电气系统安全可靠、节能、环保、设备布置整体美观。应进行管线的综合设计，减少管线的交叉重叠。

电气、电信等主干线应集中设在共用部位的竖井内，便于维修维护。配电箱、智能化配线箱应做到布局合理、定位准确，不宜安装在预制构件上。穿越预制构件的电气管线、槽盒均应预留孔洞，严禁剔凿。当大型灯具、桥架、母线、配电设施等安装在预制构件上时，应采用预留预埋件固定。

整体卫生间的配电线路应穿导管保护，并应敷设在整体卫生间的壁板和顶板外侧，且宜选用加强绝缘的铜芯电线或电缆；导管宜采用管壁厚不小于 2. 0mm 的耐腐蚀金属导管或塑料导管。

整体卫生间宜采用防潮易清洁的灯具，照度应符合现行国家标准《建筑照明设计标准》GB 50034—2013 的相关规定。整体卫生间的电热水器插座底边距地不宜低于 2. 3m。除集成安装在整体卫生间内的电气设备自带控制器外，其他控制器、开关宜设置在整体卫生间门外，并应增加漏电保护装置。具有洗浴功能的整体卫生间应设置局部等电位联结。

第二节
生产运输阶段

装配式整体卫生间是将住宅中的卫生间和洗浴间单独分离出来，标准化、规模化生产出的住宅部品。它的基本组成部分包括：由顶板、壁板、防水盘及保温门组成的框架，内部配置则有洗面台、浴缸、坐便器、水龙头、化妆镜，以及灯具、毛巾架、安全扶手、换气扇、浴帘、插座、水管等配件。

一、生产

生产单位应具备保证产品质量要求的生产工艺设施、试验检测条件，并应有完善的质量管理体系和必要的检测手段。

整体卫生间制作前，应制订生产方案，生产方案应包括生产工艺、生产计划、技术质量控制措施、成品保护、堆放及运输方案等内容。

生产单位的检测、试验、计量等设备及仪器仪表均应检定合格，并应在有效期内使用。整体卫生间的质量检验应按防水盘、壁板、顶板等检验项目分别进行。当上述各检验项目的质量均合格时，方可评定为合格产品。

整体卫生间防水盘、壁板、顶板、检修口、连接件和加强件等应在工厂加工完成。防水盘的制作工艺应可靠，底盘应无渗漏。

整体卫生间内部配件在防水盘上的安装孔洞应在工厂加工完成，在壁板和顶板上的安装孔洞宜在工厂加工完成（见图3－14）。

整体卫生间生产完毕，检验合格后应签署出厂合格证，出厂合格证应标注产品编码、制造商名称、生产日期和检验员代码等信息。

图 3－14　装配式整体卫生间生产基地

二、运输及检验

整体卫生间的防水盘、壁板和顶板等部件检查合格后应设置表面标识。整体卫生间外包装应在明显部位标注明细清单，其内容应包括：制造商名称、工程名称、产品名称、产品编码及质检人。若有易损坏物件应注明装卸、运输要求。包装应便于装卸，包装箱尺寸规格应满足运输的需要。对带有装饰面层的产品，应采取可靠的保护措施。出厂合格证、原材料或成品检测报告、装配指导书等资料应与整体卫生间产品同步到达施工现场。

第三节 施工阶段

整体卫生间施工安装前应结合工程的施工组织设计文件及相关资料制订施工专项方案，宜包括以下内容：

（1）设计布置图、产品型号、材质及特点说明等；

（2）施工安装方案：施工安装人员、机械机具组织调配、现场布置、安装工艺要求、安装顺序、工期进度要求等；

（3）施工安装界面条件：空间尺寸、管线安装预留、现场条件要求等；

（4）施工安装工序的检查、验收要求，成品保护以及质量保证的措施，安全、文明施工及环保措施要求等。

整体卫生间的施工安装应与土建工程及内装工程的施工工序进行整体统筹协调，当条件具备时，整体卫生间宜先于外围合墙体安装。

整体卫生间批量工程施工前宜先进行样板间的试安装工作。

整体卫生间的施工现场环境温度不宜低于5℃；当需要在低于5℃环境下安装时，应采取冬期施工措施。

整体卫生间安装过程中，应对已完成工序的半成品及成品进行保护。

一、施工准备

整体卫生间安装作业前，安装界面所具备的条件应验收合格并交接（见图3－15）。整体卫生间安装前的准备工作应符合下列规定：

（1）整体卫生间产品应进行进场验收，应检查产品合格证、检验报告；

（2）应复核整体卫生间安装位置线，并应在现场做好明显标识；

（3）整体卫生间的安装地面应按设计要求完成施工；

（4）与整体卫生间连接的管线应敷设至安装要求位置，并应验收合格。

图3－15 装配式整体卫生间材料准备阶段

二、现场装配式整体卫生间安装

现场装配式整体卫生间宜按下列顺序安装：

（1）按设计要求确定防水盘标高。

（2）安装防水盘，连接排水管（见图3－16、图3－17）。防水底盘安装支撑方式分为 4 种：①水泥砂浆找平，适用排水方式为直排；②水泥墩，适用排水方式为横排；③地脚螺栓，适用排水方式为横排；④支撑器，适用排水方式为横排。支撑器安装注意事项：严格按照 AB 干挂胶调配比例调胶，充分搅拌，确保支撑器的固化强度；按图纸放置支撑器的位置，高度需在支撑器的调节范围内，适用气泡水平仪确保每个支撑器的水平度；待 AB 干挂胶完全固化后（24h）将所有支撑器标高调整准确，然后放置底盘，底盘与墙体四周垫木块，防止底盘平行位移。

（3）安装壁板，连接管线。

（4）安装顶板，连接电气设备。

（5）安装门、窗套等收口。

（6）安装内部洁具及功能配件。

（7）清洁、自检、报验和成品保护。

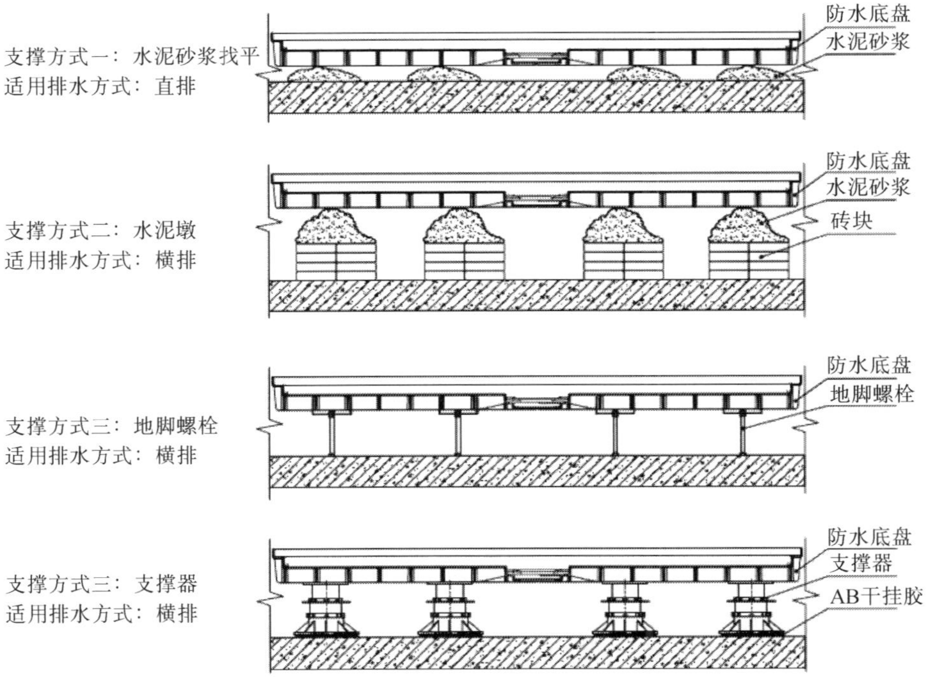

图 3 – 16　装配式整体卫生间防水盘支撑方式

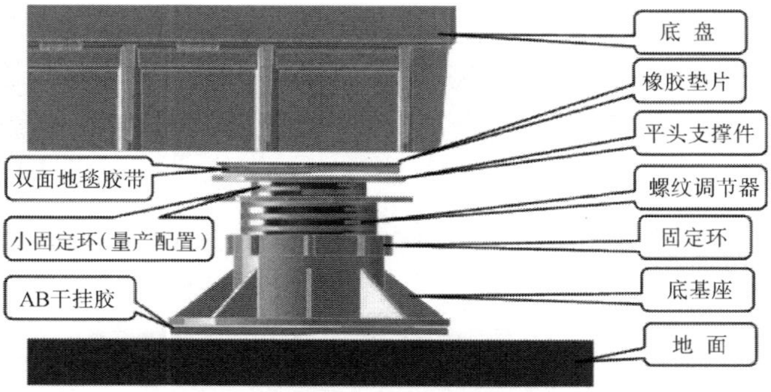

图3－17 装配式整体卫生间防水盘支撑

现场装配式整体卫生间安装质量标准及要求宜符合表3－3要求：

表3－3 装配式整体卫生间工序质量标准

序号	工序	工具	质量标准及要求
1	防水盘安装	手电钻、龙骨钳、电锤、电动起子、水平尺、红外水平仪	①底盘的高度及水平位置应调整到位，底盘应完全落实、水平稳固、无异响现象； ②当采用异层排水方式时，地漏孔、排污孔等应与楼面预留孔对正
2	排水管安装	—	①预留排水管的位置和标高应准确，排水应通畅； ②排水管与预留管道的连接部位应密封处理
3	壁板安装	电动起子、软胶枪	①应按设计要求预先在壁板上开好各管道接头的安装孔； ②壁板拼接处应表面平整、缝隙均匀； ③安装过程中应避免壁板表面变形和损伤
4	给水管安装	—	①当给水管接头采用热熔连接时，应保证所熔接的接头质量； ②给水管道安装完成后，应进行打压试验，并应合格
5	电气部件安装	压线钳、剥线钳、切割机、斜口钳	①底盒安装位置准确； ②接线线头不开叉，引出线预留200mm； ③底盒密封、胶面平整光滑，不透气、透光； ④插座固定牢固，安装后用水平尺校正

续表

序号	工序	工具	质量标准及要求
6	座便器安装	电动起子、十字起头、手电钻、胶枪	①根据底座固定点打孔，深度不超过楼板； ②底部四周均匀打防霉密封胶； ②接头拧紧不漏水，缝隙打防霉密封胶，排水通畅、感应灵敏
7	蹲便器安装	电动起子、十字起头、手电钻、胶枪	①陶瓷平面要低于地面5mm； ②密封胶均匀、表面光滑无气孔； ③确保水管接头拧紧不漏水，紧固良好，无松动、感应灵敏
8	面盆安装	电动起子、十字起头、手电钻、胶枪	①安装位置准确、垫脚平稳； ②底部及四周均匀打满防霉密封胶，牢固不晃动； ③缝隙打白色防霉密封胶，接头拧紧不漏水，墙边缝隙打胶均匀饱满
9	玻璃隔断安装	电动起子、玻璃吸盘、手电钻、胶枪	①划线清晰，位置尺寸准确； ②踢脚线固定牢固，打胶均匀、表面光滑； ③平面度及垂直度偏差≤1mm； ④开关门方便，无卡阻、干涉
10	五金件安装（淋浴喷头、置物篮、双层浴巾架、卷纸盒）	电动起子、手电钻	①开孔处打防霉密封胶，墙面无破损、裂缝； ②五金件紧贴墙面，紧固无松动
11	门及附件安装	电动起子、手电钻、扳手	①严格按图纸尺寸，结构胶均匀； ②门间隙均匀，垂直度和水平度偏差≤2mm； ③开、关门无卡阻、干涉，密封条上下不漏光； ④密封胶均匀、表面光滑、无气孔； ⑤锁门方便，无卡阻、干涉
12	清洁	扫帚、吸尘器	①无杂物、积水、无明显灰尘； ②清扫房间垃圾，拖地，无水渍、无灰尘

三、整体吊装式整体卫生间安装

整体吊装式整体卫生间宜按下列顺序安装：

（1）将工厂组装完成的整体卫生间，经检验合格后，做好包装保护，由工厂运至施工现场，利用垂直和平移工具将其移动到安装位置就位；

（2）拆掉整体卫生间门口包装材料，进入卫生间内部检验有无损伤，通过调平螺栓调整好整体卫生间的水平度、垂直度和标高；

（3）完成整体卫生间与给水、排水、供暖预留点位、电路预留点位连接和相关试验；

（4）拆掉整体卫生间外围包装保护材料，由相关单位进行整体卫生间外围合墙体的施工；

（5）安装门、窗套等收口；

（6）清洁、自检、报检和成品保护。

整体吊装式整体卫生间应利用专用机具移动，放置时应采取保护措施。整体吊装式整体卫生间应在水平度、垂直度和标高调校合格后固定。

四、成品保护

集成卫生间安装中各专业工种应相互配合，不得颠倒工序。交叉作业时，应做好工序交接，不得对已完成工序的成品、半成品造成破坏。整体卫生间安装应与其他专业合理安排施工工序，避免造成污染和破坏。安装施工过程中应做好出墙、出地面给排水管道的防撞保护。

墙板安装前四周保护膜沿边撕开 100mm 左右，墙板搬运禁止平抬，只能竖向搬或是侧向抬，轻拿轻放，防止单脚触地，防止碰撞划伤。墙板安装前做好开孔及预埋件、垫木的安装，壁板与墙体之间用垫块及发泡剂局部填充加固，所有开孔开窗，切口必须用铝箔纸包边，切割开孔必须戴好护目镜，防止工伤意外。

整体卫生间安装完毕后，应及时办理验收和封闭保护工作，同时应在醒目位置设置保护牌。当进行混凝土地面等施工时，应防止物料污染、损坏成品。

五、安全文明施工

（一）文明施工

（1）认真贯彻国家有关环境保护工作的方针、政策、法令、法规；

（2）保护好建筑物的门窗、其他附属设施以及地面、绿化；

（3）及时清理建筑垃圾，施工时要保证环境卫生；

（4）施工人员着装整洁一致，做好内部“落手清”工作，保持环境卫生；

（5）严禁随地大小便；

（6）库房保持整洁、材料机具放置整齐；

（7）有建设单位、监理、总包方管理人员询问时，要停止作业，礼貌、客气、专注地回答相关问题，不得瞎编乱造，不得蛮横无理或不理不睬。

（二）环境保护

（1）按照文明施工要求进行布置。

（2）施工区域内不设置施工人员生活区、食堂，施工人员午餐后的剩余饭菜及时清理。

（3）对施工用水应遵循总包方的现场管理制度，合理、节约用水。

（4）施工现场环境保护整洁，物料堆放整齐，各种材料、工具严格按施工规划进场堆放，不得胡乱堆放。

（5）施工现场做到工完、料尽、场地清，施工产生的建筑垃圾必须袋装化并及时清理，施工垃圾必须堆放在总包指定范围内，不准在范围外乱堆乱放，对施工场内通道内洒落的材料等要及时清理，同时要求值班人员除正常工作外对环境卫生通道整洁等进行监督，发现问题及时处理。

（6）遵守国家及当地的有关规定，采取有效措施严格控制施工现场各种粉尘、废水、废气、固体废弃物及噪音对环境的影响。

（7）坚持以人为本加强管理人员和施工班组的文明建设，教育职工遵纪守法，提高企业整体水平和文明素养，同时主动与总包单位或其他周边单位协调配合，积极开展文明共建活动，树立企业形象。

（三）安全措施

（1）存放材料地点和施工现场必须通风良好，存料和施工现场要严禁烟火，消防设施要配备足够；

（2）进场前安全培训并记录；

（3）检查电动工具绝缘是否良好；

（4）岗前检查个人防护用品是否到位；

（5）工种交叉作业时需提前落实安全技术措施；

（6）搬运物品注意协同作业时防止物品砸伤；

（7）管理人员定期进行工位巡查；

（8）登高作业时需提前准备防坠装置；

（9）进场前安全培训并记录。

第四节 检查验收阶段

整体卫生间应在基层质量验收合格后安装，安装过程中应及时进行质量检查、隐蔽工程验收，并应做好自检记录，自检记录宜按表3－4的表格填写。整体卫生间应对顶板、壁板之后的管线、设备的安装及水管试压，风管严密性检验，排水管的连接，电缆、电线、电器连接，接地测试试验，等电位联结测试等项目进行验收并形成记录，记录应包含必要的图像资料。

表3－4　　　　装配式整体卫生间自检记录

<table>
<tr><td colspan="3">安装房间号：</td><td colspan="3">整体卫生间型号：</td></tr>
<tr><td colspan="3">安装开始时间：</td><td colspan="3">安装人员姓名：</td></tr>
<tr><td colspan="3">安装结束时间：</td><td colspan="3">质量检查人（签字）：</td></tr>
<tr><td>顺序</td><td>部位</td><td>检查项目</td><td>判定基准和检查方法</td><td>检查日期</td><td>判定</td></tr>
<tr><td>1</td><td>安装面</td><td>地面平整度符合规定，地面是否清扫</td><td>±5mm，不得留有垃圾</td><td></td><td>合·否</td></tr>
<tr><td>2</td><td rowspan="3">防水盘</td><td>排水地漏用工具紧固</td><td>无松动及晃动，周边缝隙均匀</td><td></td><td>合·否</td></tr>
<tr><td>3</td><td>防水盘安装高度、水平位置是否符合设计要求</td><td>±0.5mm</td><td></td><td>合·否</td></tr>
<tr><td>4</td><td>螺栓脚锁紧及涂胶粘剂</td><td>无异响及松动，全部脚应涂胶粘剂</td><td></td><td>合·否</td></tr>
<tr><td>5</td><td rowspan="2">闭水试验</td><td>在满水状态下做闭水试验</td><td>排水系统无漏水潮湿</td><td></td><td>合·否</td></tr>
<tr><td>6</td><td>30分钟后，排水管系统有无漏水</td><td>无漏水潮湿（连接处用卫生纸确认）</td><td></td><td>合·否</td></tr>
<tr><td>7</td><td rowspan="2">排水管</td><td>排水管连接处涂胶粘剂</td><td>无漏涂，承插到位</td><td></td><td>合·否</td></tr>
<tr><td>8</td><td>排水坡度及支撑架是否符合要求</td><td>坡度及支撑架位置符合要求</td><td></td><td>合·否</td></tr>
<tr><td>9</td><td>加强板</td><td>检查位置及材质</td><td>位置符合设计要求</td><td></td><td>合·否</td></tr>
<tr><td>10</td><td rowspan="2">给水配管</td><td>过墙弯头锁紧固定</td><td>固定牢固</td><td></td><td>合·否</td></tr>
<tr><td>11</td><td>冷水及热水连接是否正确</td><td>冷热水不得接反，无松动及晃动</td><td></td><td>合·否</td></tr>
</table>

续表

顺序	部位	检查项目	判定基准和检查方法	检查日期	判定
12	壁板	纵向、水平接缝是否符合标准	±1mm，用红外线确认		合·否
13	门	门下框水密封材料粘贴	应粘贴在规定的位置		合·否
14		门框（纵向、水平、接缝）是否符合标准	±1mm，用红外线或水平仪确认		合·否
15	压条	压条是否符合要求	无突起，表面光滑		合·否
16	窗套	窗套完成尺寸及外观是否符合要求	水平及垂直误差±3mm，表面无划痕，无污渍		合·否
17		窗套基层角部连接缝隙涂硅胶	不得有漏涂		合·否
18	器具	龙头、花洒支撑杆、置物架的固定是否水平、器具固定是否牢固	水平无松动		合·否
19	照明及换气	照明及换气装置使用正常	无歪斜，固定牢固		合·否
20	密封胶	内部密封胶处理是否符合要求	密封胶不得断裂漏涂，并粗细均匀、平滑		合·否
21		门下框卡座部的密封胶是否符合要求	密封胶不得断裂漏涂，并粗细均匀、平滑		合·否
22	其他	龙头及花洒连接部位	无渗漏		合·否
23		排水是否畅通（手持花洒向地漏注水10分钟）	排水通畅		合·否

续表

顺序	部位	检查项目	判定基准和检查方法	检查日期	判定
24	其他	顶板、壁板、防水盘、器具表面	不得有划痕、断裂、污垢		合・否
25		门、器具的螺丝	不得有遗漏、断裂或松动		合・否
26		门的开关顺畅	不得有卡住的情况		合・否
27		施工后的清理和清扫	应保持内外清洁		合・否
28		使用说明书	应保管在指定位置或交由指定方保存		合・否
29		外观成品保护	按要求完成保护		合・否

整体卫生间检验批质量验收应在自检合格基础上进行，并应做好验收记录，验收记录宜按表3－5表格填写。

表3－5　装配式整体卫生间检验批质量验收记录

单位（子单位）工程名称		分部（子分部）工程名称		分项工程名称		
施工单位		项目负责人		检验批容量		
分包单位		分包单位项目负责人		检验批部位		
施工依据			验收依据			
主控项目	验收项目		最小/实际抽样数量	检查记录	检查结果	
	1	内部净尺寸符合设计要求				
	2	龙头、花洒及坐便器连接部位无渗漏，排水通畅符合要求				
	3	面层材质、品质、规格、图案、颜色等符合设计规定				

续表

<table>
<tr><td rowspan="3">主控项目</td><td colspan="2">验收项目</td><td>最小/实际抽样数量</td><td>检查记录</td><td>检查结果</td></tr>
<tr><td>4</td><td>防水盘、壁板和顶板的安装应牢固</td><td></td><td></td><td></td></tr>
<tr><td>5</td><td>金属型材、支撑构件表面的防锈蚀处理</td><td></td><td></td><td></td></tr>
<tr><td rowspan="9">一般项目</td><td colspan="2">验收项目</td><td>最小/实际抽样数量</td><td>检查记录</td><td>检查结果</td></tr>
<tr><td>1</td><td>面层材料表面应洁净、色泽一致，无翘曲、裂缝及缺损，压条应平直及均匀</td><td></td><td></td><td></td></tr>
<tr><td>2</td><td>灯具、风口、检修口等设施布置合理，与面板接缝吻合、严密</td><td></td><td></td><td></td></tr>
<tr><td rowspan="6">3</td><td>内外设计标高差</td><td></td><td></td><td></td></tr>
<tr><td>阴阳角方正</td><td></td><td></td><td></td></tr>
<tr><td>立面垂直度</td><td></td><td></td><td></td></tr>
<tr><td>表面平整度</td><td></td><td></td><td></td></tr>
<tr><td>接缝高低差</td><td></td><td></td><td></td></tr>
<tr><td>接缝宽度</td><td></td><td></td><td></td></tr>
<tr><td colspan="3">施工单位
检查结果</td><td colspan="3">专业工长：
项目专业质量检查员：
年　　月　　日</td></tr>
<tr><td colspan="3">监理单位（建设单位）
验收结论</td><td colspan="3">专业监理工程师：
年　　月　　日</td></tr>
</table>

整体卫生间分项工程质量验收应检查下列文件和记录：

（1）设计方案图及设计变更，施工技术交底文件；

（2）主要组成材料的产品合格证书、出厂合格证、性能检验报告；

（3）自检记录、检验批质量验收记录等。

整体卫生间应对下列项目进行验收，并做好记录：

（1）给水与供暖管道的连接，接头处理，水管试压，风管严密性检验；

（2）排水管道的连接，接头处理，满水排泄试验；

（3）电线与电器的连接，绝缘电阻测试，等电位联结测试。

整体卫生间目前多应用于住宅、公寓、酒店等建筑类型，整体卫生间的检验批应以同一生产厂家的同品种、同规格、同批次的每 10 间划分为一个检验批，不足 10 间时也应划分为一个检验批。

为保证整体卫生间的工程质量，除主控项目必须 100% 合格外，一般项目质量经抽样检验合格率应不低于 90%。整体卫生间的质量验收应在施工单位自行检查评定的基础上进行。

一、检验批验收

检验批质量合格应符合下列规定：①主控项目和一般项目应经抽样检验合格；②应具有完整的施工操作依据和质量验收记录。整体卫生间工程的检查数量，每个检验批应至少抽查 4 间。检验批质量验收记录如表 3－6 所示。

表 3－6　　工程检验批质量验收记录

工程名称		结构类型		检验批次	
施工单位		项目经理		项目技术负责人	
分包单位		分包单位负责人		分包单位项目经理	

续表

序号	检验批部位、区段	施工单位检查评定结果	监理（建设）单位验收结论
1			
2			
3			
4			
5			
6			
7			
8			
9			
检查结论	项目专业技术负责人： 年　月　日	验收结论	监理工程师： （建设单位项目专业技术负责人） 年　月　日

（一）主控项目

（1）整体卫生间内部净尺寸应符合设计规定。

检验方法：尺量检查。

（2）龙头、花洒及坐便器等用水设备的连接部位应无渗漏，排水通畅。

检验方法：放水观察；检查自检记录。

（3）整体卫生间面层材料的材质、品种、规格、图案、颜色应符合设计规定。

检验方法：观察；检查产品合格证书、进场验收记录、设计图纸。

（4）整体卫生间的防水盘、壁板和顶板的安装应牢固。

检验方法：观察；手扳检查，检查施工记录。

整体卫生间所用金属型材、支撑构件应经防锈蚀处理。

（二）一般项目

（1）整体卫生间的面层材料表面应洁净、色泽一致，不得有翘曲、裂缝及缺损。压条应平直、宽窄一致。

检验方法：观察；尺量检查。

（2）整体卫生间内的灯具、风口和检修口等设备设施的位置应合理，与面板的交接应吻合、严密。

检验方法：观察；检查隐蔽工程验收记录、施工记录及影像记录。

整体卫生间安装的允许偏差和检验方法应符合表3－7的要求。

表3－7　装配式整体卫生间安装允许偏差和检验方法

项目	允许偏差（mm）			检验方法
	防水盘	壁板	顶板	
内外设计标高差	2.0	–	–	用钢直尺检查
阴阳角方正	–	3.0	–	用200mm直角检测尺检查
立面垂直度	–	3.0	–	用2m垂直检测尺检查
表面平整度	–	3.0	3.0	用2m靠尺和塞尺检查
接缝高低差	–	1.0	1.0	用钢直尺和塞尺检查
接缝宽度	–	1.0	2.0	用钢直尺检查

二、分项工程验收

整体卫生间应为建筑装饰装修子分部工程。

现场装配、整体吊装是整体卫生间的分项工程，当符合下列条件时，质量应为验收合格：

（1）所含的检验批的质量均应验收合格；

（2）所含的检验批的质量验收记录应完整。

检验批应由专业监理工程师组织施工单位的项目专业质量检查员、专业工长等进行验收。

分项工程应由专业监理工程师组织施工单位的项目专业技术负责人等进行验收。

现场装配、整体吊装分项工程质量验收记录宜按表 3 – 8 要求填写。

表 3 – 8　装配式整体卫生间组装分项工程质量验收记录

<table>
<tr><td colspan="2">（子单位）
工程名称</td><td colspan="2"></td><td>分部（子分部）
工程名称</td><td></td></tr>
<tr><td colspan="2">分项工程数量</td><td colspan="2"></td><td>检验批数量</td><td></td></tr>
<tr><td colspan="2">施工单位</td><td colspan="2"></td><td>项目负责人</td><td></td></tr>
<tr><td colspan="2">分包单位</td><td colspan="2"></td><td>分包单位项目负责人</td><td></td></tr>
<tr><td>序号</td><td>检验批名称</td><td>检验批容量</td><td>部位/区段</td><td>施工单位检查结果</td><td>监理单位验收结论</td></tr>
<tr><td>1</td><td></td><td></td><td></td><td></td><td></td></tr>
<tr><td>2</td><td></td><td></td><td></td><td></td><td></td></tr>
<tr><td>3</td><td></td><td></td><td></td><td></td><td></td></tr>
<tr><td>4</td><td></td><td></td><td></td><td></td><td></td></tr>
<tr><td>5</td><td></td><td></td><td></td><td></td><td></td></tr>
<tr><td>6</td><td></td><td></td><td></td><td></td><td></td></tr>
<tr><td>7</td><td></td><td></td><td></td><td></td><td></td></tr>
<tr><td>8</td><td></td><td></td><td></td><td></td><td></td></tr>
<tr><td>9</td><td></td><td></td><td></td><td></td><td></td></tr>
<tr><td>10</td><td></td><td></td><td></td><td></td><td></td></tr>
<tr><td>11</td><td></td><td></td><td></td><td></td><td></td></tr>
<tr><td colspan="2">施工单位
检查结果</td><td colspan="4">项目专业技术负责人：
年　　月　　日</td></tr>
<tr><td colspan="2">监理单位
验收结论</td><td colspan="4">专业监理工程师：
年　　月　　日</td></tr>
</table>

当整体卫生间安装质量不满足要求时，应按下列规定进行处理：

（1）经返工或返修的检验批，应重新进行验收；

（2）经有资质的检测机构检测鉴定能够达到设计要求的检验批，应予以验收；

（3）经有资质的检测机构检测鉴定达不到设计要求、但经原设计单位计算能够满足安全和使用功能的检验批，可予以验收；

（4）经返修或加固处理的分项、分部工程，满足安全及使用功能要求时，可按技术处理方案和协商文件的要求予以验收。

三、集成卫生间产品维护

整体卫生间的生产厂家应向用户提供产品使用手册。整体卫生间内的部品更换应由生产厂家进行。整体卫生间内的电气设备应根据生产厂家的要求使用和维护。

（一）整体卫生间的使用手册可包括以下内容

（1）使用条件、使用应注意事项及禁止事项；

（2）维修及清扫的要点；

（3）简单故障、异常情况下的判断方法及处理方法；

（4）故障咨询和维修等问题的联络方式；

（5）其他特别的注意事项。

（二）整体卫生间内的电气设备的使用和维护主要包括

（1）带有电动器具或电子控制元件的设备，应定期进行维护性驱潮运行；潮湿地区、潮湿季节每季度维护运行不应少于一次；

（2）电气设备使用出现异常时，应及时关闭电源，报请专业人员检查维修；

（3）对电气安全保护装置应经常进行检查；

（4）对电气设备表面进行清洁维护前，应先切断电源，再用中性洗涤剂擦拭。

第五节 示例

一、项目名称

银景湾项目集成卫浴施工工程。

二、项目概况

本工程为银景湾项目 7 号楼，地下 2 层，地上 30 层，总建筑面积 18500.89m^2。其中首层层高 5590mm，建筑功能为架空层，地上各层层高均为 3000mm，建筑功能为住宅，全楼高度 97.440m（见图 3－18）。每层分布 8 个卫生间，为左右对称结构，工程量为 232 个集成卫生间，计划工期为 40 天，其中 23 天为部品工厂生产时间，11 天安装完成主体框架，6 天安装完成内部配件。

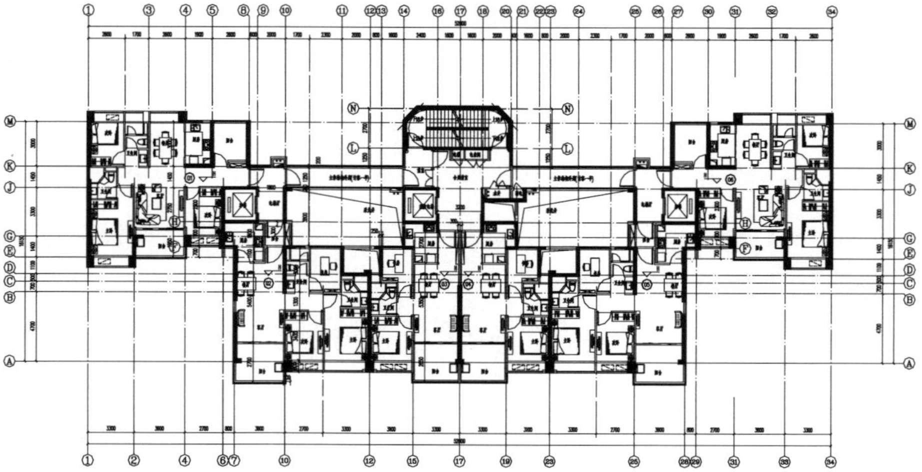

图 3－18 标准层平面图

三、施工准备

（一）施工条件

（1）卫浴间区域承重墙不砌或拆除，工程施工完成。

（2）整体卫浴间安装空间净高高于2500mm。

（3）确定防水盘安装位置，坐便器位置开孔完成。

（4）水电安装接口已施工至指定部位。

（5）整体卫浴进场后，材料报验已完成。

（二）材料要求

（1）整体卫浴的材料要求，必须是按照合同文件的有关规定组织生产。

（2）必须符合整体设计，整体制造，整体安装，整体结构，整体效果。

（三）安装工具

为保证施工进度，每一安装小组配备交流直流电钻各3个、角向磨光机1台、试压泵1台、激光水平仪1台、水平尺1把供各组使用。

四、质量标准

（1）外观检查、防水盘、顶板、壁板内表面光洁平整，无裂纹、汽泡，颜色均匀。

（2）通电检查，打开开关灯亮，无漏电现象，换气扇通电后运转正常，噪音不高于50dB。

（3）接水检查，各冷热水管接头无渗漏，坐便器排水流畅且不渗漏，洗面台上下水流畅不渗漏。

（4）卫浴间连接部位密封，壁板与壁板、壁板与顶板、壁板与防水盘、壁板与门框连接无渗漏现象。

五、整体卫浴安装流程

开箱验货→防水盘安装→壁板连接/安装→接管试压→框架安装→门框安装→顶板安装→内部件安装→卫浴间密封条安装→清扫卫浴间并检查。

六、操作工艺

（一）防水盘安装

（1）确定防水盘安装位置，尺寸正确无偏差。

（2）将地漏安装到防水盘背后（用密胶密封），然后放倒防水盘，并调整好防水盘水平，所有受力点应均匀受力，不应有响声。

（3）防水盘安装后，用壁板包装材料做防护，避免碰伤。

（二）壁板连接与水管试压

（1）按图纸要求将壁板按次序摆放整齐，用大力钳将两块壁板夹紧，保持上下对齐，表面平整，用手电钻钉孔，并用螺栓拧紧，每条接缝六个螺丝，间距为400mm。

（2）内装壁板时在壁板对角处安装角连接件（见图3－19）。

图3－19　壁板连接

（3）壁板连接好后，按照壁板事先开好的上水孔，把通水管件安装到位，拧紧内丝弯头，然后用热熔器将管道连接，并保证各接点无渗漏，用试压泵对各接点进行打压试验，压力为0.9Mpa，保压5分钟，仔细检查水管接点是否有渗漏。

（三）顶板的安装

根据图纸按顺序排好位置，将顶板放到壁板上，用自攻螺丝将顶板与壁板连接，注意顶板与壁板尽可能靠近（见图3－20）。

图3－20 顶板安装

（四）门框的安装

注意门框的里外及开门方向，将门框安装到壁板预留口处，用线坠量出门框的垂直度，然后将门框与两边壁板连接固定。

（五）内部件安装

根据图尺寸要求将各配件安装到位，内部件安装应尺寸正确，牢固可靠，如洗面台、镜子、坐便器、换气扇等。

（六）卫浴间密封条安装

卫浴间密封条安装如图3－21所示。

图 3－21

（七）试水试验

分别对给排水进行试验检查管头密封，水嘴、阀门处是否有渗漏现象。

七、成品保护

（1）防水盘安装时注意防止碰伤防水盘。

（2）整体卫浴框架安装完后，贴上警示录，让其他施工单位注意成品保护。

（3）整体卫浴贴上封锁标识，防止其他工种进入。

八、应注意的质量问题

（1）防水盘安装时所有地脚下必须着地受力，不能有松动现象。

（2）整体卫浴间安装完后应水平垂直无倾斜。

（3）内部件安装应牢固，可靠，不能有松动现象。

（4）PP_ R 管连接应达到规定热熔器时间，充分粘接，不能有渗漏。

（5）PVC 管连接时，表面必须处理干净，抹胶均匀，确保不渗漏。

九、安全措施

（1）在运输过程中，合理调配人力，机械运输时，顺序安排，轻拿轻放，运至指定位置。

（2）施工过程中，用电机具的配置，线路的布设，必须要过施工现场专职电工指定，并报安全员批准。

（3）在各楼层施工时，禁止向窗外抛掷杂物。

（4）对堆放的易燃杂物及时清理运出现场。

（5）施工人员进场时要进行安全教育。

十、职业健康和环境保护

（1）施工楼层不允许设置宿舍的，除临时性看材料人员外。

（2）降低粉尘及噪音对人及环境的污染。

（3）安装人员根据施工需要，合理配备防护用品。

（4）对安装过程中，产生的废弃物及时清理，运出施工现场。

（5）加强安全及文明施工现场的教育。

十一、职业健康和环境保护

卫浴间墙板为了更加牢固，施工部门将根据现场情况进行加强。

十二、工程中间检验

配合监理工程师按照《整体卫浴验收标准》进行过程检验。

十三、施工机械机具

施工所用工具（见表3－9）。

表3－9 施工工具 单位：个

序号	工具名称	数量	序号	工具名称	数量
1	交流电钻	10	4	热熔器	4
2	直流电钻	10	5	水平仪	4
3	角磨机	10	6	试压泵	4

十四、安全文明施工措施

本工程由于任务紧，施工复杂，为确保安全生产完成任务，将严格按照以下安全施工保证措施实施。

（一）安全生产方针及目标

（1）安全生产方式：安全第一，预防为主。

（2）杜绝重大火灾及爆炸事故。

（3）杜绝人身伤亡事故。

（4）杜绝重要施工机具及设备丢失或损坏事故。

（5）消灭施工遗留隐患事故。

（6）争创安全文明施工现场。

（二）现场安全施工管理规定

（1）树立安全第一，预防为主安全意识。

（2）对管理人员和作业人员进行入场前安全教育。

（3）指定专职安全生产管理人员。

（4）遵守总包单位的安全生产管理制度，服从指挥。

（5）进入施工现场应遵守安全生产纪律，戴好安全帽。

（6）进入工作场所须穿工作服，穿软底防滑鞋。

（7）施工现场材料摆放整齐，稳固，库房专人看管。

（8）手持电动工具随时检查使用有效性，电源线不得有破皮漏电，操作时先启动后接触工件。工件要垫平垫实，防止滑移。

（9）使用电动工具时，使用压力不得超过电动工具充许限度。

（10）电动工具使用时，不得任意调换插头，拔插头时不得拉电源拔插头。

（11）登梯作业时，梯脚稳固，不得乱扔工具物料等。

（12）临时接线必须远离易燃物品，照明用灯悬挂处严禁靠近易燃品。

（13）施工期间必须保证室内通风。

（14）注意防盗，防止产品、工具等失窃。

（15）热熔器使用时远离易燃易爆物品，使用热熔器支架防止烫伤。

（16）施工中严禁破坏房屋承重结构和外观。

（17）离开施工现场，必须断水断电，保证物资安全。

（18）严格执行国家有关部门关于环境保护的规定，采取控制粉尘、噪音。

（19）施工现场不得使用明火。

（20）给排水施工必须进行通水试验，防止堵溢，及时做好产品保护。

十五、工期进度安排

为确保整体卫浴工程按期交工（总工期35天），必须全力以赴，在确保质量安全的前提下交工。20天到货，10天安装完主体框架，5天安装完内部配件。

（一）计划——项目实施组织计划

（1）根据施工进度计划，提前将大的工作进度模块分解各个分项工作。

（2）除按总进度进行外，还应每天根据各工种的实施安装进度提前制订各工种的衔接计划，以便在每天早会上给各工种下达准确的工作任务。

（二）实施——分组落实，职责明确

（1）早会时将安装任务落实到每个安装小组，以安装小组为单位进行实施。同时安排安装负责人、仓管员等相关人员的工作任务。

（2）根据安装人员熟练程度合理分组，如正在等到货、工期较长、时间充裕，熟练工与非熟练工搭配编组，互帮互学，提高队伍的整体技能水平，为后续施工打基础；如工期较紧，可由非熟练工单独或编成预装小组专门拼接壁板，而由熟练工小组进行安装赶工期等。

（三）检查——跟踪巡检、考核到位

（1）对于每天的工作任务，项目经理不能只简单地布置工作，还应深入每个安装现场巡查，对进度产生的技术难题、安装失误、特殊工况、质量问题等现场解决，保证安装进度。同时促进各小组间的互动。

（2）每日开班前会或总结会，对各个安装小组的安装进度进行考核，将进行即时激励。

（四）总结——差异分析及整体改措施

（1）比较计划与实施执行的偏差，找出差异的原因，拿出修正偏差的措施，对问题进行应急处理并研究如何防止偏差的再次出现。工期拖期、出现偏差时不能一味救火，应同时找出原因，拿出解决类似问题的办法，防止问题的重复发生。

（2）控制过程中的一个重要部分是采取预防性措施解决预期或实际发生的问题。

十六、安装人员计划

工作计划如表 3－10 所示。

表 3－10　施工人员计划

序号	工种类别	组数（个）	每组人数（人）	合计（人）
1	底盘安装	3	2	6
2	壁板安装	3	2	6
3	框架安装	3	2	6
4	项目施工督导员	1	1	1
合计	—	10	—	19

十七、主要工程材料及设备进场计划

共计（100）套，材料分两次进场，第一批为框架主体，第二批为内部配件，根据工程施工实际情况进行临时调整，但不能影响总工期。

十八、工程质量目标及质量保证措施

本工程由于施工工艺复杂，技术质量要求高，为了确保工程质量，我方将严格执行以下质量保证措施。

（一）首件封样

每一户卫浴间安装前，项目经理应组织熟练安装人员先安装一套该户型卫浴，进行首件封样。安装标准要达到设计方案要求：安装自检达标后，安装负责人填写“工程卫浴首件验收记录单”并报监理工程师，要求该户型所有卫浴间达到此安装标准。

（二）安装人员自检

（1）安全人员依据《卫浴工程通检验收标准》、实际方案、卫浴配置明细进行自检，安装标准要达到首件封样的标准。

（2）安装人员在安装过程中遇到施工失误或其他特殊情况，可能影响安装质量时，应立即通知安装负责人现场确认，解决。

（3）安装自检结束后，安装负责人填写检验结论，并通知甲方/监理工程师验收、确认。

（4）对于在巡检，验收中发现的不合格项，安装负责人应立即按要求整改到位。

（三）质量跟踪

（1）安装负责人根据《卫浴工程通检验收标准》以及该户型设计方案，配制明细，进行巡查。

（2）安装负责人按照样板间标准监督每套安装卫浴重量，针对问题点作出解决措施。并紧盯问题解决，确保卫浴保质保量按期交付。

（四）质量验收标准

（1）防水盘、顶板、壁板内表面光洁平整、气泡、颜色均匀。

（2）防水盘尺寸 +5mm，水平调节 ±1mm，地漏与防水盘结合牢靠不松动。污水法兰与防水盘粘接处完全密封。

（3）壁板接缝平整误差 ±3mm，胶缝均匀宽度≤2mm。

（4）天井接缝均匀误差 ±1mm，检查口四周缝隙一致。

（5）门框垂直误差≤3mm，不得有倾斜，不渗漏。

（6）混合阀开关灵活，各接点无渗漏。

（7）接电检查，打开开关灯亮，无漏电现象。换气扇通电后，运转正常且噪音不高于 50dB。

（8）内部件安装按照图纸尺寸安装正确，牢固无倾斜，金属配件电镀部分无电镀层剥落，外表光滑，喷漆部分无脱落、斑点、创伤、锈蚀等缺陷。

十九、成品保护措施

（1）防水盘安装时，必须铺垫板包装箱，以免碰伤到防水盘。

（2）整体卫浴框架安装完后，贴上警示录，让其他施工单位注意成品保护。

（3）整体卫浴贴上封锁标识，防止其他工种进入。

二十、项目验收阶段提供免费的伴随式服务

根据项目的特殊性，集成卫浴安装单位在整体卫浴产品调试验收阶段，派遣 1 ~2 名专职售后服务人员于项目工地进行产品试用（运行）期间服务。

第四章

装配式整体厨房

《中共中央　国务院关于进一步加强城市规划建设管理工作的若干意见》《国务院办公厅关于大力发展装配式建筑的指导意见》明确提出“发展装配式建筑”，装配式建筑进入快速发展阶段（见图4－1）。目前大部分住宅厨房都是住户根据自己喜好进行布置，这样容易发生建筑设计与厨房家具设计不同步，建筑设计中各类设备、设施、管线等与厨房家具的排布存在矛盾等问题。除此以外，这样的厨房空间难以实现一体化装配，还会存在功能分区不清晰、标准化程度不足、现场手工作业比例高、维护替换成本大等问题。

为推动绿色建筑的发展，加快实现建筑工业化及产业化，促进装配式整体厨房健康发展，做到技术先进、经济合理、安全适用、保证质量。装配式整体厨房是指由工厂生产、现场装配的满足炊事活动功能要求的基本单元模块化部品。装配式混凝土建筑应采用工业化生产的集成化部品进行内装设计，保证具有通用性和互换性，应采用管线分离的方法，满足内装部品的连接、检修更换和设备及管线使用年限的要求，延长建筑使用寿命和提高舒适度。

本章针对装配式整体厨房从设计、安装和工程验收等环节作出了详细的解释，有利于规范装配式整体厨房的推广应用，并对保障装配式整体厨房工程质量等起到积极作用。

图 4－1 装配式整体厨房

第一节 准备阶段

一、遵循原则

装配式整体厨房部品和部品体系应采用标准化、模数化、通用化的工艺设计，满足制造工厂化、施工装配化的要求，并执行优化参数、公差配合和接口技术等有关规定，以提高其互换性和通用性。装配式整体厨房应遵循以下原则：

（1）一体化原则：内装设计应遵循建筑、装修、部品一体化的设计原则，推行内装设计标准化、模数化、通用化。

（2）集成化原则：内装部品体系宜实现以集成化为特征的成套供应及规模生产，实现内装部品、厨卫部品和设备部品等的产业化集成。

（3）通用化原则：内装部品体系应采用模数化、标准化的工艺设计，并执行优化参数、公差配合和接口技术等有关规定，以提高其互换性和通用性。

（4）装配化原则：内装部品配件应以工厂化加工为主，部品安装应满足干法施工的要求。

模数是装配式整体厨房标准化、产业化的基础，是厨房与建筑一体化的核心。模数是协调的目的，是使建筑空间与整体厨房的装配相吻合，使橱柜单元及电器单元具有配套性、通用性、互换性，是橱柜单元及电器单元装入、重组、更换的最基本保证。

部品体系宜实现以集成化为特征的成套供应。部品的成套供应有利于标准化设计和生产量化，这能使厨房的设计更加美观大方，同时降低生产成本减少原料浪费，为装配式整体厨房的快速发展提供了契机。

二、材料分类

厨房应设置洗涤池、案台、炉灶、排油烟机及竖向排气道等，并应预留冰箱、微波炉、电饭煲、洗碗机、烤箱、热水器、消毒柜等设备的位置及相应的电气插座。柜体宜使用人造板材料，台面板宜选用人造板、天然石、人造石等材料。

微波炉、电饭煲、洗碗机、烤箱、消毒柜等应与厨柜组合设置，热水器可设置于厨房或工作阳台内，并应设置排气管与竖向排气道或室外联通（并设置室外风帽）。冰箱可布置于厨房内，使其与炊事操作台结合，形成完整的炊事流线。也可布置于厨房外的过渡空间内，使冰箱与家庭贮纳功能相结合。或布置于餐厅内，使其与备餐台或餐边柜结合设置。为满足关窗状态下排除油烟浊气的要求，厨房可设置竖向排气道或外墙排气口。当层数少于 12 层时，由于高度较低，风速较小，可采用外墙直排式通风口（外设防止回灌的避风罩），不设置竖向排气道。当层数大于或等于 12 层时，由于风压较大，无法避免回灌问题，必须设置竖向排气道。

装配式整体厨房主要材料选择：

（1）防火板：由碎木屑热压成型，不会浪费宝贵的森林资源。防火板表面无毛孔，因此有防油抗污的能力。

（2）PVC 吸塑板材：这种新型材料的基材是 PVC 卷材，利用真空吸塑原理，贴附在密度板门面上，形成表面仿天然木纹的柔和花色，同样起到了节约木材的作用。这种柜门材料不沾油，特别易于擦洗。

（3）水晶板：2mm 厚的水晶板，其透光度和色彩饱和度极佳，特别适用于那些大面积使用红、黄、白、绿等纯色的厨柜。这种材料表面触感光滑有弹性，不会藏污纳垢，是理想的原木橱柜门的替代产品。

（4）无缝人造石：这种材料用天然石粉经聚合而成，无放射性，而且可以模仿所有天然石材的花纹和质感，是天然石材的理想替代品。人造石有一项比天然石材更好的优点，就是利用独特的粘结打磨技术，可以实现无缝拼接，便于人们清洁打扫。

三、材料性质、规格、性能

厨房应积极采用新技术、新材料和新产品，积极推广工业化设计和建造技术，宜采用可循环使用和可再生利用的材料。整体厨房实现标准化，并不断采用新技术、新材料、新产品，推广新技术下的工业化建造模式，可减少人力的投入，节约成本。

在满足厨房材料使用安全性能的前提下，尽可能采用可循环使用、可再生利用的材料，减少资源的浪费。

人造板台面和柜体表面应光滑，光泽良好，无凹陷、鼓泡、压痕、麻点、裂痕、划伤和磕碰伤等缺陷，同一色号的不同柜体的颜色应无明显差异。

大理石台面不得有隐伤、风化等缺陷，表面应平整、无棱角，磨光面不应有划痕，不应有直径大于 2mm 的砂眼。

玻璃门板、隔板不应有裂纹、缺损、气泡、划伤、砂粒、疙瘩和麻点等缺陷。无框玻璃门周边应磨边处理，玻璃厚度不应小于5mm，且厚薄应均匀，玻璃与柜的链接应牢固。

电镀件镀层应均匀，不应有麻点、脱皮、白雾、泛黄、黑斑、烧焦、露底、龟裂、锈蚀等缺陷，外表面应光泽均匀，抛光面应圆滑，不应有毛刺、划痕和磕碰伤等。

焊接部位应牢固，焊缝均匀，结合部位无飞溅和未焊透、裂纹等缺陷。转篮、拉篮等产品表面应平整，无焊接变形，钢丝间隔均匀，端部等高，无毛刺和锐棱。

喷涂件的表面组织细密，涂层牢固、光滑均匀，色泽一致。不应有流痕、露底、皱纹和脱落等缺陷。

金属合金件应光滑、平整、细密，不应有裂纹、起皮、腐蚀斑点、氧化膜脱落、毛刺、黑色斑点和着色不均等缺陷。装饰面上不应有气泡、压坑、碰伤和划伤等缺陷。

塑料件产品表面应光滑、细密、平整，无气泡、裂痕、斑痕、划痕、凹陷、缩孔、堆色和色泽不均、分界变色线等缺陷，颜色均匀一致并符合图样的规定。

柜体外形宽、深、高的极限偏差应在 ±1mm 内，台面板两对角线长度之差不得超过 3mm。柜体的尺寸对装配式整体厨房安装之后的整体外观效果以及使用质量都有直接影响，特别是质量方面，柜体尺寸过大则导致无法按照原有设计对橱柜进行安装，尺寸过小则会使柜体与柜体之间缝隙过大影响整体外观，严重者还会导致渗漏。柜体板件的形状和位置公差以及理化性能应满足表 4－1 至表 4－6 的要求。

铰链的性能应符合下列规定：①打开角度不应小于 95°，开闭时不应有卡死或出现摩擦声；②前后、左右、上下可调范围不应超过 2mm。

滑轨的性能应符合下列规定：①滑轨各连接件应连接牢固，在额定承重条件下，无明显摩擦声和卡滞现象，滑轨滑动顺畅；②镀锌、烤漆处理的滑轨应分别符合现行国家标准《金属及其他无机

覆盖层 钢铁上经过处理的锌电镀层》GB/T 9799—2011 的规定；③喷塑处理的滑轨，喷塑层厚度不应小于 0.1mm。

拉手的性能应符合下列规定：①安装孔距宜为 32mm 的整数倍；②盐浴和酸浴试验后，直径小于 1.5mm 的斑点数不应大于 8 个。

表 4－1 柜体板件形状与位置偏差

<table>
<tr><th>序号</th><th colspan="3">项目</th><th>技术要求（mm）</th></tr>
<tr><td rowspan="3">1</td><td rowspan="3">正视面板件翘曲度</td><td colspan="2">对角线长度≥1400</td><td>≤3.0</td></tr>
<tr><td colspan="2">700≤对角线长度 < 1400</td><td>≤2.0</td></tr>
<tr><td colspan="2">对角线长度 <1400</td><td>≤1.0</td></tr>
<tr><td>2</td><td colspan="3">底脚着地平稳性</td><td>≤0.5</td></tr>
<tr><td>3</td><td>平整度</td><td colspan="2">面板、正视面板件 0～150 范围内局部平整程度</td><td>≤0.2</td></tr>
<tr><td rowspan="4">4</td><td rowspan="4">邻边垂直度</td><td colspan="2">门板及其他板件</td><td>≤2.0</td></tr>
<tr><td colspan="2">台面板</td><td>≤3.0</td></tr>
<tr><td rowspan="2">框架</td><td>对角线长度≥1000</td><td>≤3.0</td></tr>
<tr><td>对角线长度 < 1000</td><td>≤2.0</td></tr>
<tr><td rowspan="2">5</td><td rowspan="2">位差度</td><td colspan="2">门与框架、门与门相邻表面间的距离偏差（非设计要求的距离）</td><td>≤2.0</td></tr>
<tr><td colspan="2">抽屉与框架、抽屉与门、抽屉与抽屉相邻的表面间的距离（非设计要求的距离）</td><td>≤1.0</td></tr>
<tr><td rowspan="5">6</td><td rowspan="5">分缝</td><td rowspan="2">嵌装式开门</td><td>上、左、右分缝</td><td>≤1.5</td></tr>
<tr><td>中、下分缝</td><td>≤2.0</td></tr>
<tr><td>盖装式开门</td><td>门背面与框架平面的间隙</td><td>≤3.0</td></tr>
<tr><td>嵌装式抽屉</td><td>上、左、右分缝</td><td rowspan="2">≤2.5</td></tr>
<tr><td>盖装式抽屉</td><td>抽屉背面与框架平面的间隙</td></tr>
<tr><td>7</td><td colspan="3">抽屉下垂度、摆动度</td><td>≤10</td></tr>
<tr><td colspan="5">本表适用于固定不可调底脚的要求，可调底脚不需测试</td></tr>
</table>

表 4－2　　人造板台面和柜体板理化性能

序号	试验项目	试验条件	技术要求	
			台面板	柜体板
1	表面耐高温	(120±3)℃，2 小时	试件表面无裂纹	—
2	表面耐水蒸气	水蒸气（60±5）分钟	试件表面无突起、龟裂、变色等	
3	表面耐干热	(180±1)℃，20 分钟	试件表面无鼓泡，某一角落看光泽有轻微变化	10 分钟表面无鼓泡，光泽和颜色允许有中等变化
4	表面耐冷热温差	(80±2)℃，2 小时 (－20±3)℃，2 小时	表面无鼓泡和明显失光，四周期	(63±2)℃，（－20±3)℃，二周期表面无鼓泡和明显失光
5	表面耐划痕	1.5N，划一圈	试件表面无整圈连续划痕	—
6	表面耐龟裂	70℃，24 小时	用6 倍放大镜观察，表面无裂痕	用 6 倍放大镜观察，表面允许有细微裂痕
7	表面耐污染	少许酱油，24 小时	试件表面无污染或腐蚀痕迹	
8	表面耐液	10%碳酸钠溶液 24 小时，30%乙酸溶液 24 小时	无印痕	表面轻微的变泽印痕
9	表面耐磨性	漆膜磨耗仪，2000 转	未露白	局部有明显露白(1000 转)
10	表面抗冲击	漆膜冲击器，200mm	表面无裂痕，但可见冲击痕迹	允许有轻微裂纹，有 1～2 圈环裂或弧裂(100mm)
11	表面耐老化	老化试验仪、光泽仪	表面无开裂，失光＜10%	—
12	吸水厚度膨胀率	50×50mm，浸泡 24 小时	＜12%	浸泡 2 小时，＜8%

表 4-3 人造石台面理化性能要求

序号	试验项目	性能要求	序号	试验项目	性能要求
1	光泽度	≥80 光泽单位	5	吸水率	≤0.5%
2	不平整度	≤4‰	6	胶衣层厚度	0.35~0.6mm
3	巴氏硬度	≥40	7	耐热水型	无裂纹，不起泡
4	耐冲击性	表面不产生裂纹	8	耐污染性	无明显变色

表 4-4 台面板力学性能

序号	试验项目	试验条件	技术要求
1	静载荷试验	加 750N，压 10 秒，10 次	台面无损伤，无影响使用功能的磨损或变形、无断裂或豁烈，连接件未出现松动
2	垂直冲击试验	质量为 28.1g 钢球，450mm 高处落下，3 处	
3	持续垂直静载荷	加载 $200kg/m^2$，7 天	
4	耐久性试验	150N，30000 次	

表 4-5 地柜柜体力学性能

序号	试验项目	试验条件	技术要求
1	搁板弯曲试验	加载 $200kg/m^2$，7 天	无断裂或豁烈，不出现永久变形
2	搁板倾翻试验	100N	不倾翻
3	搁板支撑件强度	1.7kg 钢块，冲击能 1.66N·m，10 次	搁板销孔未出现磨损或变形，支撑件位移≤3mm
4	柜门安装强度试验	离门沿 100mm 处挂 25kg 砝码，反复开启 10 次	各部无异常，外观及功能无影响
5	柜门水平荷载试验	门端 100mm 处，水平加 60N 力，10 秒，10 次	
6	底板强度试验	用 750N 力，压 10 秒，10 次	底板未出现严重影响使用功能的磨损或变形

续表

序号	试验项目	试验条件	技术要求
7	柜门耐久性试验	反复开闭40000次	门与橱柜仍紧密相连，门与五金件均无破损，并未出现松动，铰链功能正常，门开关灵活，无阻滞现象
8	拉门强度试验	35kg，10次	
9	拉门猛开试验	2kg，10次	
10	翻门强度试验	300N，10次	
11	翻门耐久性试验	20000次	
12	抽屉和滑轨耐久性	加载 33kg/m^2，开闭40000次	滑轨未出现永久性松动，抽屉及拉篮活动灵便，无异常噪音
13	抽屉快速开闭试验	以1m/秒施加500N，10次	
14	抽屉及滑轨强度试验	均布25kg/m^2，前端加250N力，10秒，10次	
15	主体结构和底架强度	侧面施加300N力，（4处）高不大于1.6m，10秒，10次	未出现松动，位移小于10mm

表4-6　吊柜力学性能

序号	试验项目	试验条件	技术要求
1	吊柜强度试验	加载100kg，7天	吊码无变形、开裂、断裂现象
2	吊柜搁板超载试验	底板加载200kg/m^2，搁板加载100kg/m^2	搁板及支承件无破损，卸载后变形量≤3mm
3	吊柜跌落试验	柜门关闭从600mm高度跌落	吊柜无结构破损，无任何松动
4	吊柜主体结构强度	450N，10次	位移≤10mm
5	吊柜水平冲击试验	150N冲击门中缝处，10次	吊柜无任何松动和损坏
6	吊柜垂直冲击试验	150N冲击底板中心处，10次	

四、施工机具

（1）主要工具如表 4－7 所示。

表 4－7　　主要工具

序号	工具名称	图例	型号	输入功率（W）	主要用途
1	冲击电钻		Z1J－SD02－12	390	用于结构打孔
2	角磨机		FF03－100A	710	用于打磨地板
3	锋钢锯		50cm	—	用于切割板材和异形构件
4	结构胶枪		—	—	打胶
5	红外线水平仪		—	—	放线及定点

（2）其他工具：固定式摩擦夹具、转动式摩擦夹具、射钉枪、镂槽、开八字槽工具、橡皮锤、撬棍、水桶、钢丝刷、扁铲、小灰槽、2m 托线板、靠尺、扫帚等。

五、标准规范

相关规范标准如表 4－8 所示。

表 4－8　　标准规范

序号	标准名称	标准编号
1	《装配式整体厨房应用技术标准》	JGJ/T 477—2018
2	《住宅卫生间模数协调标准》	JGJ/T 263—2012
3	《住宅整体厨房》	JG/T 184—2011
4	《住宅厨房及相关设备基本参数》	GB/T 11228—2008

六、技术准备

装配式整体厨房多指居住建筑中的厨房。装配式整体厨房是装配式建筑装饰装修的重要组成部分，其设计应按照标准化、系列化的原则，实现在制作和加工阶段全部装配化。

厨房的设计应遵循人体工程学的要求，合理布局，进行标准化、系列化和精细化设计，并应与结构系统、外围护系统、设备与管线系统、内装系统进行一体化设计，且宜满足适老化的需求。

厨房部品选型宜在建筑方案阶段进行，并应在设计各个阶段进行完善。厨房部品应为标准化部品，工厂化生产，批量化供应。厨房内各种管线接口应为标准化设计，并应准确定位。厨房设计应符合干式工法施工的要求，便于检修更换，且不得影响建筑结构的安全性。厨房部品应提供可追溯和可查询的信息化资料。

（一）布置形式

厨房家具的布置形式宜分为单排形、双排形、L形、U形和岛台形。

1. 单排形的厨房设计

将食物储存区、洗涤区、准备区、烹饪区、成品区等按照直线一字排开，通常适用于面积不大、宽度比较狭窄的厨房。其特点是：动线单纯，只需左右移动便能到达各个功能区域。面积：约 $5\sim6m^2$（见图4－2）。

图4－2　单排形的装配式整体厨房

2. 双排形的厨房设计

将工作区安排在两条平行线上。在工作区域和中心的分配上，经常将洗涤区和准备区安排在一起，而烹调区通常单独设计，餐桌可根据房间大小等实际情况合理布置。面积：约 $8\sim12m^2$（见图4－3）。

图 4 – 3　双排形的装配式整体厨房

3. L 形的厨房设计

将橱柜从某一个墙角双向展开形成 L 形，这种配置比较简单经济，能够节省空间。面积：约 7 ~ 10m^2（见图 4 – 4）。

图 4 – 4　L 形的装配式整体厨房

4. U 形的厨房设计

将橱柜分三面设计，所需空间较大，但中央动线不会受到干扰。适合较大的厨房。面积：大于 10m^2（见图 4 – 5）。

图 4－5　U 形的装配式整体厨房

5. 岛台形的厨房设计

将橱柜的某一部分设计成像岛屿一样与其他部分分开，通常岛屿部分设计成洗涤区或烹饪区，或者两者兼有，同时与其他各功能区均可就近使用。面积：大于 $10m^2$（见图 4－6）。

图 4－6　岛台形的装配式整体厨房

6. 整体厨房系统设计符合下列规定

（1）厨房设计应合理组织操作流线，操作台宜采用 L 形或 U

形布置；

（2）厨房应设置洗涤池、灶具、操作台、排油烟机等设施，并预留厨房电器设施的位置和接口；

（3）厨房洗涤池应考虑水龙头不影响外窗开启；

（4）厨房吊柜的设置不应影响厨房自然通风和采光，吊柜内的搁物板宜采用可调式设计；

（5）厨房门下部宜设通风百叶或宽（高）度 10～12mm 的门隙；

（6）厨房地面铺装应选用防滑、易清洁的材料，天棚、墙面应选用防火、抗热、易清洁的材料。

（二）建筑设计

人体工程学、人体工效学和工程材料学的原理在集成厨房的设计和制作过程中的巧妙运用，突出了集成厨房“以人为本”的文化理念，使人们能零距离地感受科学带来舒适生活，“生火作饭”的辛劳将被“厨艺表演”的乐趣代替。

厨房的建筑设计应满足储存、洗涤、加工和烹饪的基本使用需求，厨房的门、窗、管井位置应合理，并应保证厨房的有效使用面积。厨房按功能分区设计和功能区的标准模块设计，可以根据厨房的面积大小和人口使用情况匹配出合理的功能区配置（见图 4－7）。

储存区：为原料、烹调器具与碗碟储存区域。

洗涤区：洗涤槽部分，提供原料的洗涤以及烹调器具与碗碟的洗涤。

加工区：对食物进行加工的区域。

烹调区：灶台部分，配有各种厨具、炊具和调味品，烹调延伸区还有微波炉和烤箱等。

图4-7　装配式整体厨房功能分区

厨房的建筑设计应协调结构、内装修、设备等专业合理确定厨房的布局方案、结构方案、设备管线敷设方式和路径、主体结构孔洞预留尺寸以及管道井位置等，并应符合现行行业标准《工业化住宅尺寸协调标准》JGJ/T 445—2018 的有关规定。

厨房墙面应符合下列规定：

（1）厨房非承重围护隔墙宜选用工业化生产的成品隔板，现场组装；

（2）厨房成品隔断墙板的承载力应满足厨房设备固定的荷载需求；

（3）当安装吊柜和厨房电器的墙体为非承重墙体时，其吊装部位应采取加强措施，满足安全要求。

厨房应选用耐热和易清洗的吊顶材料，并应符合现行行业标准《建筑用集成吊顶》JG/T 413—2013 的有关规定。厨房吊顶不仅要面对潮湿水汽的侵袭，而且炒菜时产生的油烟和异味也会黏附在其表面，时间一长便难以清理。因此耐锈、耐脏、易清洁是选择厨房吊顶材料的准则。当厨房吊顶内敷设管线时，应设检修口。

厨房应采用防滑耐磨、低吸水率、耐污染和易清洁的地面材料。厨房在日常使用中产生较多的油烟和水，因此，厨房地面选材应结合材料的防滑、吸水、耐污染和易清洁的特性。排油烟机烟道应选用不燃、耐高温、防腐、防潮、不透气、不易霉变的材料。

整体厨房空间应得到合理利用，应充分考虑部品、橱柜与使用者的关系。可参考图 4 – 8 装配式整体厨房空间人性化设计。

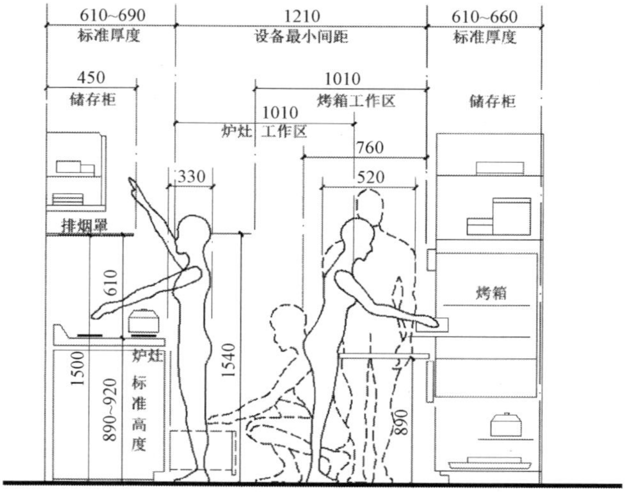

图 4 – 8 厨房空间人性化设计（单位：mm）

（三）厨房部品设计

厨房部品所用的材料、外观、尺寸公差、形状和位置公差、燃烧性能、理化性能、力学性能等应符合现行行业标准《住宅整体厨房》JG/T 184—2011 的有关规定。厨房部品宜成套供应。

厨房家具包括橱柜、吊柜等，厨房家具的设计在满足使用安全的情况下，应结合人体行为学符合使用者的日常使用习惯。家具设计应符合下列规定：

（1）家具宽度应符合模数协调要求；

（2）家具应符合现行国家标准《家用厨房设备 第 2 部分：通用技术要求》GB/T 18884—2002.2 的相关规定；

（3）在横向管线布置高度的家具背板应可拆卸或设置检修口；

（4）应在柜体的靠墙或转角位置预置调节板安装口；

（5）吊柜及排油烟机底面距地面高宜为 1400～1600mm；

（6）工作台面高度应为 800～850mm；工作台面与吊柜底面的距离宜为 500～700mm；

（7）灶具柜设计应考虑燃气管道及排油烟机排气口位置，灶具柜外缘与燃气主管道水平距离应不小于 300mm，左右外缘至墙面之间距离应不小于 150mm，灶具柜两侧宜有存放调料的空间及放置锅具等容器的台位。

厨房家具尺寸应符合现行行业标准《住宅厨房模数协调标准》JGJ/T 262—2012 的有关规定。厨房设备的设置应符合下列规定：

（1）排油烟机平面尺寸应大于灶具平面尺寸 100mm 以上；

（2）燃气热水器左右两侧应留有 200mm 以上净空，正面应留有 600mm 以上净空；

（3）燃气热水器与燃气灶具的水平净距不得小于 300mm；燃气热水器上部不应有明敷的电线、电器设备及易燃物，下部不应设置灶具等燃具；

（4）嵌入式厨房电器最大深度，地柜应小于 500mm，吊柜应小于 300mm；

（5）电器不应安装在热源附近；电磁灶下方不应安装其他电器；

（6）厨房设备应有漏电防护措施。

在厨房设备的设置中，燃气热水器与燃气灶具的水平净距不得小于300mm，是因为距离近易干扰，影响使用。

厨房中热源一般包括散热器、贮热槽、炊具或其他产生热量的电器。

厨房部品的设置间距和误差应符合下列规定：

（1）台面及前角拼缝误差应不大于0.5mm；

（2）吊柜与地柜的相对应侧面直线度允许误差应不大于2.0mm；

（3）在墙面平直条件下，后挡水板与墙面之间距离应不大于2.0mm；

（4）橱柜左右两侧面与墙面之间距离应不大于10mm；

（5）地柜台面距地面高度误差应在±10mm内；

（6）嵌式灶具与排油烟机中心线偏移允许误差应在±20mm内；

（7）台面拼接时的错位不得超过0.5mm，接缝不应靠近洗涤槽和嵌式灶具；

（8）相邻吊柜、地柜和高柜之间应使用柜体连接件固定，柜与柜之间的层错位、面错位不得超过1.0mm；

（9）洗涤槽外缘至墙面距离应不小于70mm，洗涤槽外缘至给水主管距离不宜小于50mm。

（四）厨房设施设计

厨房的管道管线应与厨房结构、厨房部品进行协同设计。竖向管线应相对集中布置、定位合理，横向管线位置应避免交叉。

集中管道井的设置及空间尺寸应满足管道检修更换的空间要求，并应在合适的位置设置管道检修口。

当厨房设备管线穿越主体结构时，应与内装、结构、设备专业协调，孔洞定位预留应准确。

当采用架空地板时，横向支管布置应符合下列规定：

（1）排水管应同层敷设，在本层内接入排水立管和排水系统，不应穿越楼板进入其他楼层空间；

（2）排水管道宜敷设在架空地板内，并应采取可靠的隔声、减噪措施；

（3）供暖热水管道宜敷设在架空地板内。

给水管线设计应符合下列规定：

（1）进入住户的给水管道，在通向厨房的给水管道上宜增设控制阀门；

（2）厨房内给水管道可沿地面敷设，也可采用隐蔽式的管道明装方式，且管中心与地面和墙面的间距不应大于80mm；

（3）热水器水管应预留至热水器正下方且高出地面1200～1400mm处，左边为热水管，右边为冷水管，冷热水管间距宜不少于150mm；

（4）冷热水给水管接口处应安装角阀，高度宜为500mm。

管道的隐蔽常用方式有：

（1）在橱柜背后预留0.1m的竖向管道区；

（2）在橱柜与楼板之间留出空间敷设管道；

（3）洗涤池排水管在柜内，给水管和热水管沿墙上沿敷设，用吊顶或吊柜板方式隐蔽，竖向支管嵌墙敷设。

当冷热水供水系统采用分水器供水时，应用半柔性管材连接；当采用分别控制时，冷、热水水阀上应有明显标识。

排水管线设计应符合下列规定：

（1）厨房的排水立管应单独设置；排水量最大的排水点宜靠近排水立管；

（2）排水口及连接的排水管道应具备承受90℃热水的能力；

（3）热水器泄压阀排水应导流至排水口；

（4）横支管转弯时应采用45°弯头组合完成，隐蔽工程内的管道与管件之间，不得采用橡胶密封连接，且横支管上不得设置存水弯；

（5）立管的三通接口中心距地面完成面的高度，不应大于300mm；

（6）厨房洗涤槽的排水管接口，距地面完成面宜为400～500mm，伸出墙面完成面不小于150mm，且高于主横支管中心不小于100mm；

（7）对采用PVC管材、管件的排水管道进行加长处理时不应出现S状，且端部应留有不小于60mm长的直管。

厨房管线宜靠墙角集中设置。当靠近共用排气道设置管井或明装管道时，给水排水管线不应设置在烟道朝向排油烟机的一侧。

厨房电气系统设计应符合下列规定：

（1）厨房的电气线路宜沿吊顶敷设；

（2）线缆沿架空地板敷设时，应采用套管或线槽保护，严禁直接敷设；线缆在架空地板敷设时，不应与热水、燃气管道交叉；

（3）导线应采用截面不小于5mm^2的铜芯绝缘线，保护地线线径不得小于N线和PE线的线径；

（4）厨房插座应由独立回路供电；

（5）安装在1.8m及以下的插座均应采用安全型插座；

（6）厨房内应按相应用电设备布置专用单相三孔插座；

（7）嵌入式厨房电器的专用电源插座，应预留方便拔插的电源插头空间；

（8）靠近水、火的电源插座及接线，其管线应加保护层，插座及接线应符合现行国家标准《建筑电气工程施工质量验收规范》GB 50303—2015中的相关规定。

弱电系统设计应符合现行行业标准《住宅建筑电气设计规范》JGJ 242—2011的规定，并应符合下列规定：

（1）应预埋穿线管及出线底盒；

（2）弱电线路应采用独立的布线系统。

燃气设计应符合现行国家标准《城镇燃气设计规范》GB 50028—2016和行业标准《城镇燃气室内工程施工与质量验收规

范》CJJ 94—2009 的规定。

室外排气口需设置避风、防雨、防虫防鼠和防止污染墙面的构件。厨房共用排气道应符合现行国家标准《住宅设计规范》GB 50096—2011 的规定，并应符合下列规定：

（1）厨房内各类用气设备排出的烟气必须排至室外；

（2）严禁任何管线穿越共用排气道；

（3）排气道应独立设置，其井壁应为耐火极限不低于 1.0h 的不燃烧体，井壁上的检查门应采用丙级防火门；

（4）竖井排气道的防火阀应安装在水平风管上。

排油烟机接驳口安装在排气道上的安装方向、位置应正确。在吊顶上设检修孔，检修孔尺寸宜不小于 450 × 450mm；当条件受限制时，吊顶检修孔开口可减小为 300 × 300mm。排油烟机接驳口安装宜在吊顶以下，便于安装维护，同时可降低造价。厨房竖向排气道与水平排气管的接驳口应符合下列规定：

（1）接驳口开口直径宜为 180mm；

（2）接驳口中心净空高度宜为 2300mm；

（3）接驳口中心与上层楼板垂直间距应不小于 200mm；

（4）排油烟机接驳口的操作侧应有最小净距 350mm 的检修空间。

（五）适老及无障碍设计

厨房设计要以人为本，满足居住者生活行为轨迹和舒适的生活空间，本条要求厨房设计除满足一般居住者的使用要求外，还要兼顾老年人、残疾人等特殊群体的使用要求，并应符合国家相关无障碍设计标准的规定。厨房设计除应满足一般居住使用要求外，尚应根据需要满足老年人、残疾人等特殊群体的使用要求。

满足乘坐轮椅的特殊人群要求的厨房设计除应符合现行国家标准《无障碍设计规范》GB 50763—2012 的规定外，尚应符合下列规定：

（1）厨房的净宽应不小于 2000mm，且轮椅回转直径应不小于 1500mm；

（2）地柜高度宜不大于 750mm，深度宜为 600mm，地柜台面下方净高和净宽应不小于 650mm，净深应不小于 350mm；

（3）吊柜底面到地面高度应不大于 1200mm，深度应不大于 250mm。

通常情况下，无障碍空间应考虑使用者有肢体障碍的情况。本标准中仅针对乘坐轮椅的肢体残疾人群对厨房空间的需求作出规定。

厨房设计中应为轮椅使用者留出足够的轮椅回转空间。本条规定了轮椅原地回转时所需的空间大小。在具体设计时，可将灶台、操作台下方空间凹进一定尺寸，以满足轮椅使用者的操作需求，并提供轮椅回转空间（见图 4－9）。

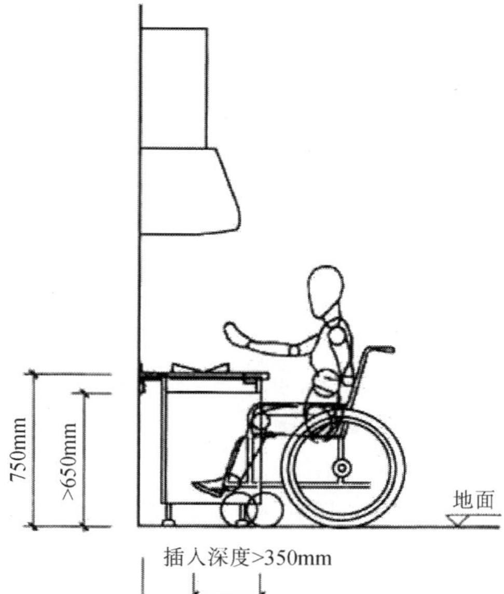

图 4－9　满足轮椅使用要求的橱柜

布置双排地柜的厨房通道净宽应不小于1500mm，通道应能满足轮椅的回转活动。燃气热水器的阀门及观察孔高度应不大于1100mm。排油烟机的开关应为低位式开关。

厨房应设置洗涤池、案台、炉灶、排油烟机及竖向排气道等，并应预留 冰箱、微波炉、电饭煲、洗碗机、烤箱、热水器、消毒柜等设备的位置及相应的电气插座。

第二节
生产运输阶段

一、生产阶段

生产单位应具备保证产品质量要求的生产工艺设施、试验检测条件，并应有完善的质量管理体系和必要的检测手段。

装配式整体厨房制作前，应制订生产方案，生产方案应包括生产工艺、生产计划、技术质量控制措施、成品保护、堆放及运输方案等内容。

生产单位的检测、试验、计量等设备及仪器仪表均应检定合格，并应在有效期内使用。整体厨房的质量检验应按各项目分别进行检查，当上述各检验项目的质量均合格时，方可评定为合格产品。

装配式整体厨房生产完毕，检验合格后应签署出厂合格证，出厂合格证应标注产品编码、制造商名称、生产日期和检验员代码等信息。

二、运输及检验阶段

部品应进行进场检验，所用材料和产品的名称、规格、型号、数量和质量应符合设计要求。厨房施工前，施工单位应做好材料和部品配送计划及进场检验、试验工作，主要包括：

（1）编制进场计划，明确技术要求和管理办法；

（2）所用单件、组件及产品的性能指标和技术参数均应符合设计要求和相关标准的规定；

（3）核准名称、规格、型号、数量，以及产品出厂合格证、产品说明书、保修单和生产厂家的名称、批号、检验代号、生产日期及执行标准的文号等，应便于工程质量管理部门监督。

第三节 施工阶段

装配式厨房施工精度、质量要求高，为了保证施工顺利实施，确保施工安全，施工单位应对涉及影响施工质量的工程编制专项施工方案。安装前，承包方应编制专项施工方案。施工组织设计一般包括编制依据、工程概况、资源配置、进度计划、施工总平面布置、主要施工方案、施工质量保证措施、安全保证措施及应急预案、文明施工及环境保护措施、夜间施工措施等内容，也可以根据工程项目的具体情况对施工组织设计的编制内容进行取舍。

安装前应编制专门的施工安全专项方案，以减少现场安全事故，规定现场安全生产要求。现场安全主要包括结构安全、设备安全、人员安全和用火用电安全等。可参照的标准有现行行业标准《建筑机械使用安全技术规程》JGJ 33—2012、《施工现场临时用电安全技术规范》JGJ 46—2005、《建筑施工安全检查标准》JGJ 59—2011、《建设工程施工现场环境与卫生标准》JGJ 146—2013 等。

安装过程中及交付前，应采用包裹、覆盖、贴膜等可靠措施对橱柜、设备、接驳口等容易污染或损坏的成品、半成品进行保护。

成品、半成品保护是非常重要的环节，如果保护措施不力，会造成设备、器具、地面、墙面、门窗的表面产生划痕、损伤、污染等质量缺陷。因此，本条提出了应采用覆盖、包裹、贴膜等有效的保护措施。

厨房的施工安装应由专业人员进行，并应与内装系统的其他施工工序协调进行。

一、施工准备

地面、墙面和吊顶工程应按设计要求完成施工并验收合格。厨房装修施工开始前，现场应完成如下工作：

（1）建筑结构施工；

（2）建筑给水排水、暖气、通风和电气系统主管道施工；

（3）厨房内防水施工；

（4）完成的施工项目已通过验收且质量合格；

（5）现场清理完毕，具备场地移交条件。

应对现场进行勘察并制订施工方案，施工方案应至少包括工程概况、编制依据、施工工艺、质量标准等内容。

厨房施工前应做好现场成品保护。主要包括：

（1）应对材料和设备运输时所使用的电梯、楼梯、扶手、楼道门、窗等公共区域采取保护措施；

（2）应对施工现场土建、设备及主干管道的成品、半成品采取保护措施；

（3）施工保护措施在装修工程竣工前应拆除。

施工过程中应保持产品外表面原有状态，不得有碰伤、划伤、开裂和压痕等损伤现象。

橱柜安装位置应按家用厨房设备设计图样要求进行，不得随意变换位置。橱柜的安装位置应按设计图样进行，不得随意变换，改变其使用功能分区。橱柜摆放应协调一致，台面及吊柜组合后应保证水平。橱柜组合完成后应水平摆放，且保证固定牢固。对门板应进行全面调节，使门板上下、前后、左右齐整，缝隙度均匀一致。

二、厨房管线安装

每套住宅的厨房空间应设置洗涤池、案台、炉灶及抽油烟机、热水器等设施或为其预留位置。厨房中，集合了给水、排水、热水、燃气、排风等几乎所有种类的管线设备，其在套内空间可占面积局促、使用频繁、功能多样，导致住宅的厨房中呈现管线与使用空间互相“打架”的现象，而想在更小的面积上实现功能齐全、保证品质的住宅，就需要提高住宅的空间利用率。住宅厨房的空间设计应遵循布局紧凑，流线合理，符合人体工程学尺度要求的整体设计原则。厨房内设备管线的设计应当安全、实用、经济、美观。在管线布置方面，应避免户内管线的竖向流动和排放，户内管线的布置应设置垂直管线区和水平管线区，减少管线的随意穿越。

（一）管线在管井内集中设置

由于计量的要求，目前采暖系统及给水系统的竖向管线均在户外公共管井内集中设置，支管再水平方向引入室内。所以在厨房内的垂直管线仅考虑排水立管及燃气立管的敷设位置。布置立管时，燃气管一般在排水管外侧，便于检修。

对于灶具及洗涤池在同侧布置的厨房，尽量将风道与管井并列集中布置于台面灶具一侧，保持台面完整。根据厨房操作尺度，台面长度一般≤3m，排水横管最大长度≤2m，按照标准坡度 0.026 考虑，找坡最大为50～60mm，除管线的加长外影响甚小。经过集中设置整合后的管井空间，可与墙体合并，从而获得相对完整的空间用于设置操作台面及储藏橱柜，空间利用率高且外表整洁美观。

燃气立管由于安全需要宜明设；暗封时燃气管道应设在不受外力冲击和暖气烘烤的部位，且暗封部位应可拆卸，检修方便，并应有通风口。从使用空间角度，希望燃气立管与管井同样集中布置，但需要对其管线合理性进行研究（见表4－9至表4－13）。

表4－9　　单排布置厨房垂直管线区布置比较图

图例	位置	优点	缺点
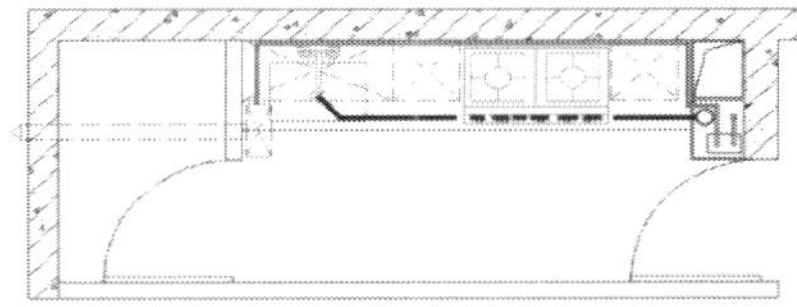 图1	管道井与风井并列集中布置于台面灶具一侧，燃气表置于管道井内，管道井在1.6m处开检查口，上下开通风百叶	空间利用率高且外表整洁美观	排水管走在橱柜下部隔板下面，需150mm的空间，比常规高50mm
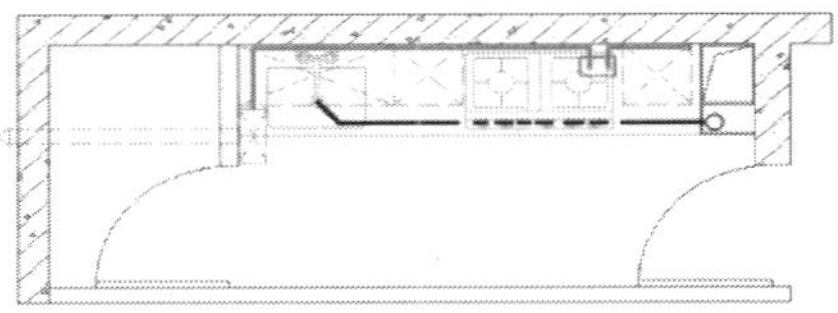 图2	排水管道井与风井并列集中布置于台面灶具一侧，燃气管在风井阴角处明装燃气表置于台面下，柜门为通风百叶门	空间利用率高，管道井尺寸小，走道宽	燃气表占用灶柜内部使用空间，部分燃气立管明露，不美观
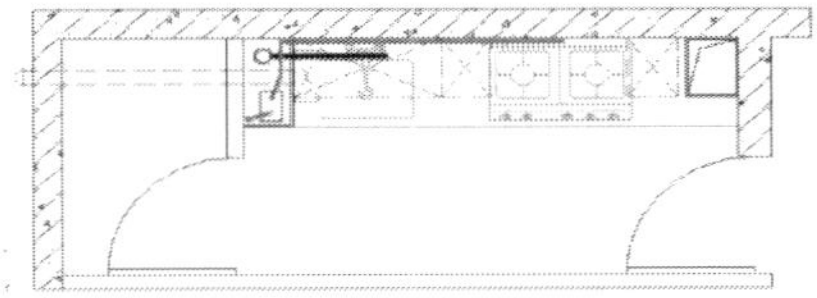 图3	管道井与风井分别布置于台面两侧，燃气表置于管道井内，管道井在1.6m处开检查口。上下开通风百叶	排水水平管线短，可走在橱柜后80mm水平管线区内	空间利用率低，管道井占用面积大

续表

图例	位置	优点	缺点
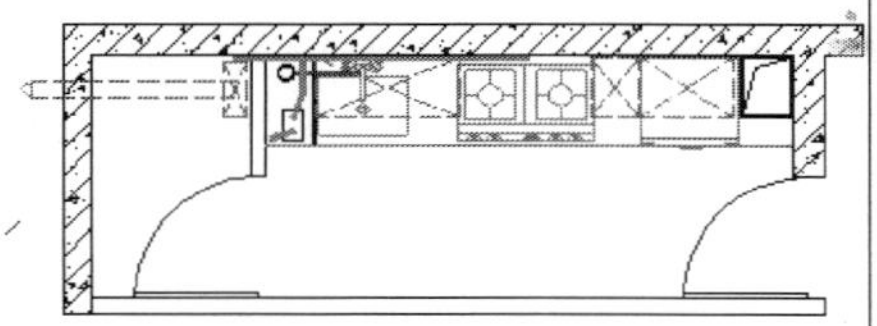 图 4	冰箱在厨房内。管道井与风井分别布置于台面两侧，燃气表置于管道井内，管道井在 1.6m 处开检查口。上下开通风百叶	排水水平管线短，可走在橱柜后 80mm 水平管线区内	管道井占用面积大。冰箱进厨房使管线区无法合并
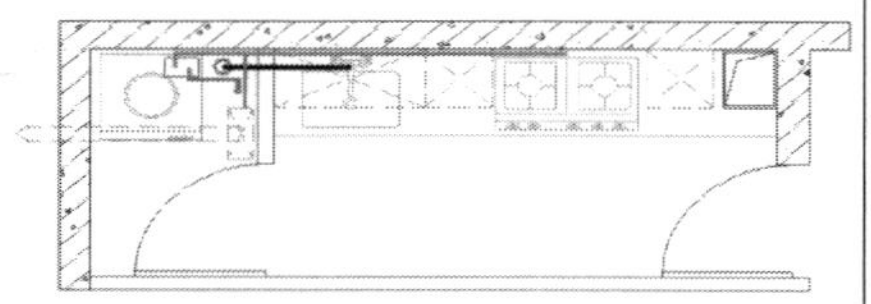 图 5	垂直管线阳台上贴墙布置，燃气表及热水器均设于阳台	厨房内整洁美观，空间利用率高。洗衣机与洗涤池可共用立管	阳台管线明装，不美观

注：1. 无冰箱平面净尺寸 1500 × 3000mm，有冰箱平面净尺寸 1500 × 3300mm；

2. 燃气热水器建议选用防冻型，在图 1 至图 3 中均可设于阳台上，否则影响吊柜的设置；

3. 图 1 至图 3 管井位置可根据灶具和水池的内外位置不同设在靠窗侧。

表 4 – 10　　L 形厨房（无冰箱）垂直管线区布置图

图例	位置	优点	缺点
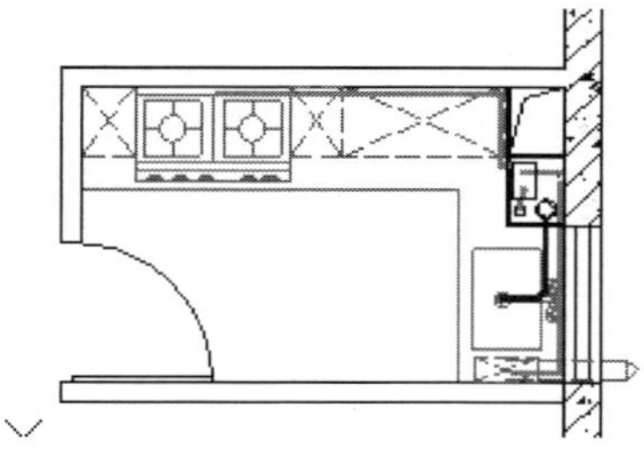 图 1	管道井与风井并列集中布置于台面拐角处，燃气表置于管道井内，管道井在 1.6m 处开检查口。上下开通风百叶	外表整洁美观，吊柜可利用空间大，排水水平管短	拐角处柜体内空间利用率低，操作面不完整

续表

图例	位置	优点	缺点
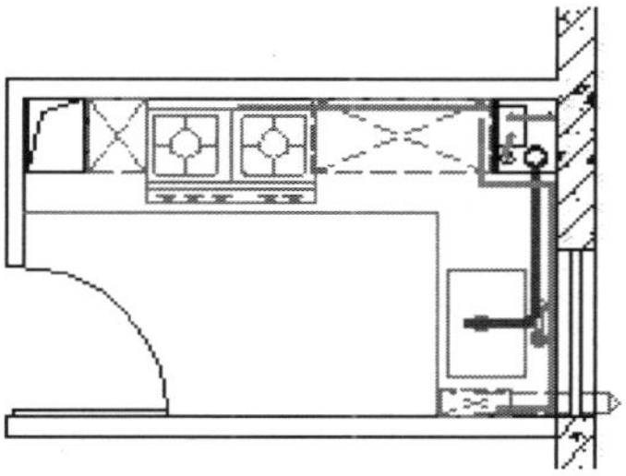 图 2	管道井与风井分别布置于台面两侧，燃气表置于管道井内，管道井在 1.6m 处开检查口。上下开通风百叶	排烟风管距离短；风道距外墙距离远，建筑外观好	空间利用率低，操作面不完整
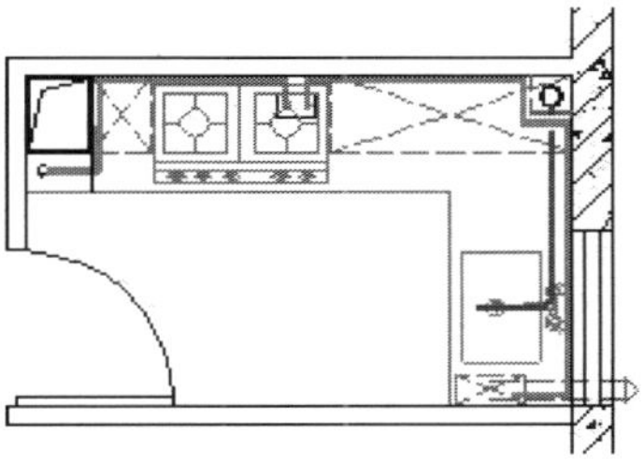 图 3	排水管道井与风井分别布置于台面两侧，燃气管在风井阴角处明装或暗装，燃气表置于台面下，柜门为通风百叶门	外表整洁美观，空间利用率高；排烟风管距离短；风道距外墙距离远，建筑外观好	燃气表占用灶柜内部使用空间

注：无冰箱平面净尺寸 1700 × 2700mm。

风道	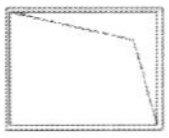	洗涤池	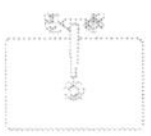	洗衣机		热水器	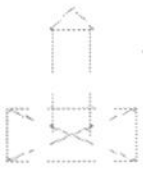
吊柜		电冰箱		燃气灶	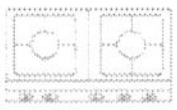	管井	

表 4－11　　L 形厨房（有冰箱）垂直管线区布置图

图例	位置	优点	缺点
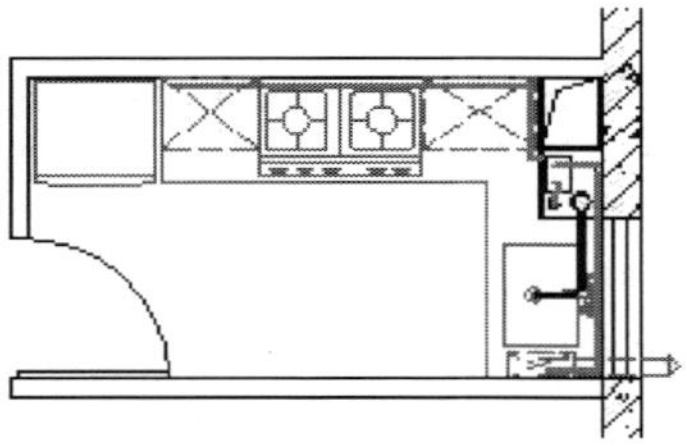 图 1	管道井与风井并列集中布置于台面拐角处，燃气表置于管道井内，管道井在 1.6m 处开检查口。上下开通风百叶	外表整洁美观，排水水平管短	拐角处柜体内空间利用率低，操作面不完整
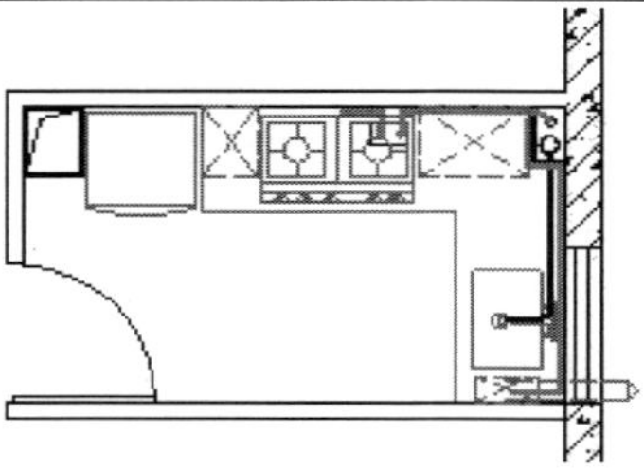 图 2	管道井与风井分别布置于台面两侧，燃气表置于台面下，柜门为通风百叶门	风道距外墙距离远，建筑外观好	空间利用率低，操作面不完整
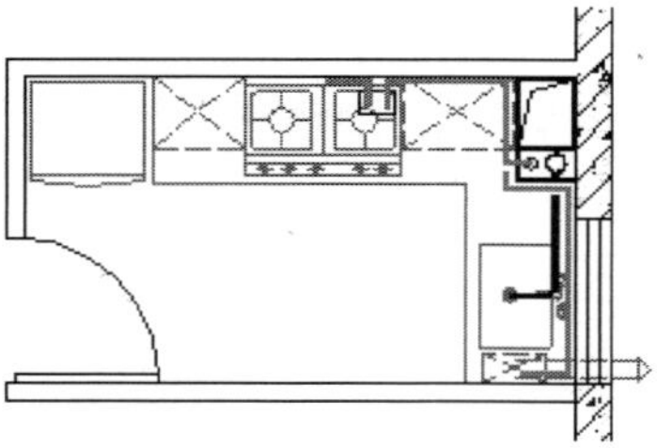 图 3	管道井与风井并列集中布置于台面拐角处，燃气表置于台面下，柜门为通风百叶门	外表整洁美观	燃气表占用灶柜内部使用空间，操作面不完整
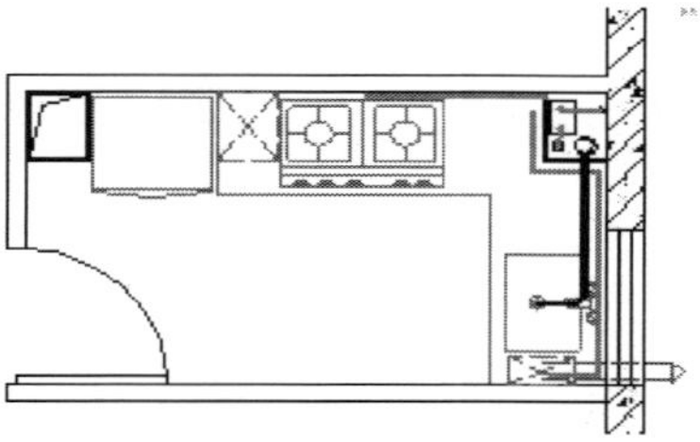 图 4	管道井与风井分别布置于台面两侧，燃气表置于台面下，柜门为通风百叶门	风道距外墙距离远，建筑外观好	拐角处柜体内空间利用率低，操作面不完整

注：有冰箱平面净尺寸 1700×3000mm。

续表

风道	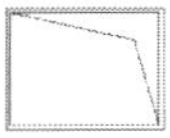	洗涤池	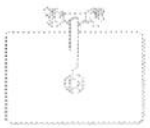	洗衣机		热水器	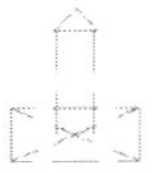
吊柜	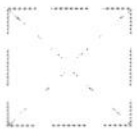	电冰箱		燃气灶	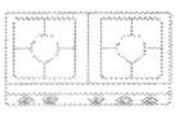	管井	

表 4－12　　U 形厨房（无冰箱）垂直管线区布置图

图例	位置	优点	缺点
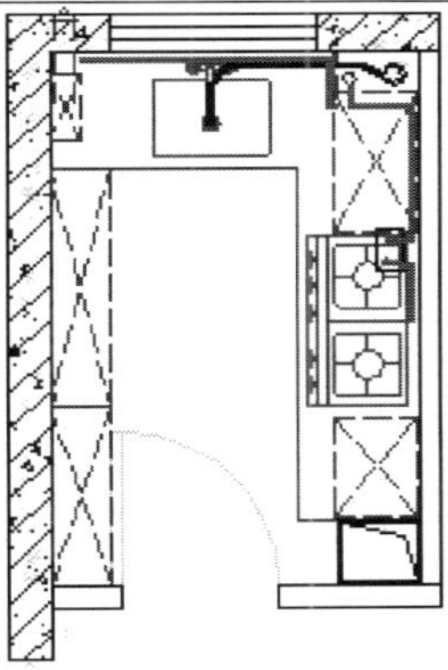 图 1	管道井与风井分别布置于台面两侧，燃气表置于台面下，柜门为通风百叶门	外表整洁美观，排水水平管短	拐角处柜体内空间利用率低；操作面不完整；燃气管须先接表再接热水器，管线烦琐
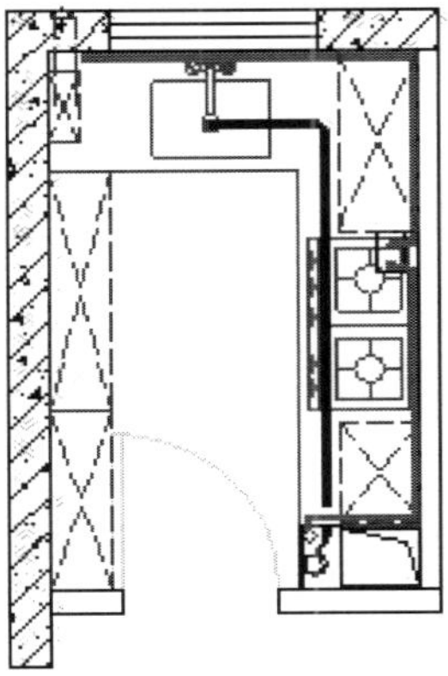 图 2	管道井与风井并列集中布置于台面灶具一侧，燃气表置于台面下，柜门为通风百叶门	空间利用率高且外表整洁美观	排水管走在橱柜下部隔板下面，需 150mm 的空间，比常规高 50mm

注：无冰箱平面净尺寸 1800 × 2700mm。

续表

风道	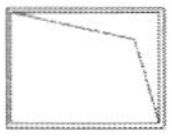	洗涤池		洗衣机	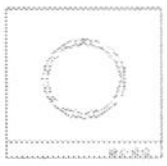	热水器	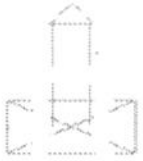
吊柜		电冰箱		燃气灶	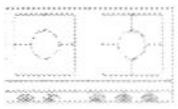	管井	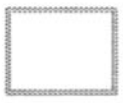

表 4－13　　U 形厨房（有冰箱）垂直管线区布置图

图例	位置	优点	缺点
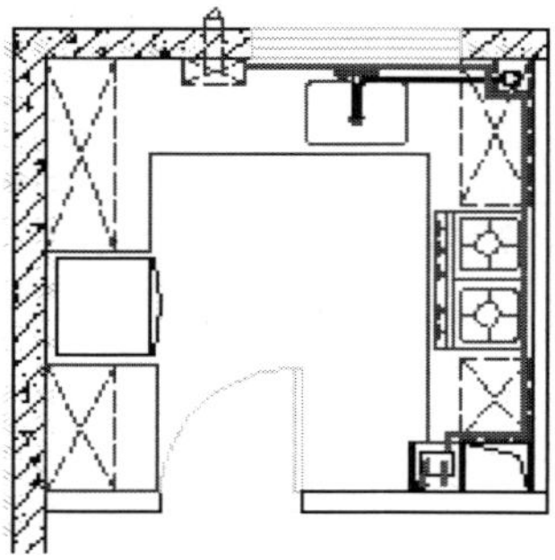 图 1	燃气管井与风井并列集中布置于台面一端，燃气表置于管道井内，管道井在 1.6m 处开检查口。上下开通风百叶。排水管设于台面拐角处	外表整洁美观，排水水平管短	拐角处柜体内空间利用率低，操作面不完整
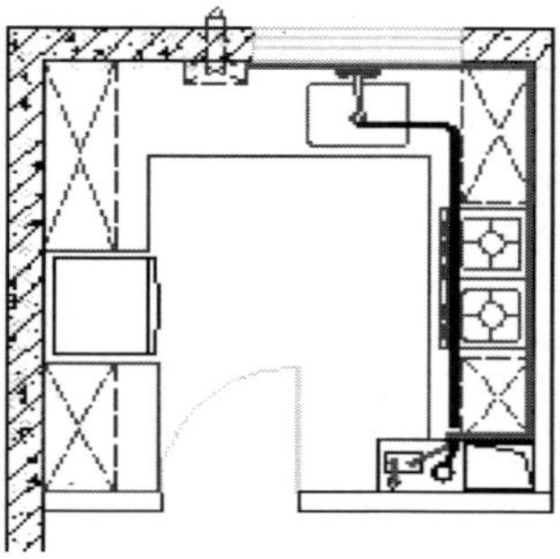 图 2	管井与风井并列集中布置于台面一端，燃气表置于管道井内，管道井在 1.6m 处开检查口。上下开通风百叶	外表整洁美观，风道距外墙距离远，建筑外观好	排水管走在橱柜下部隔板下面，需 150mm 的空间，比常规高 50mm

续表

图例	位置	优点	缺点
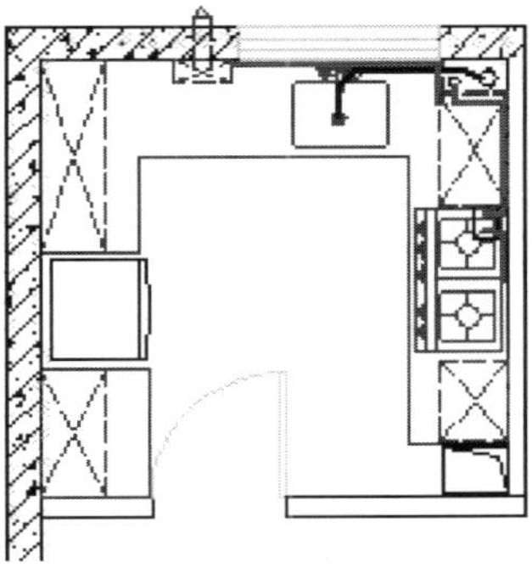 图 3	管道井与风井分别布置于台面两侧，燃气表置于台面下，柜门为通风百叶门	外表整洁美观	燃气表占用灶柜内部使用空间；操作面不完整；燃气管须先接表再接热水器，管线烦琐
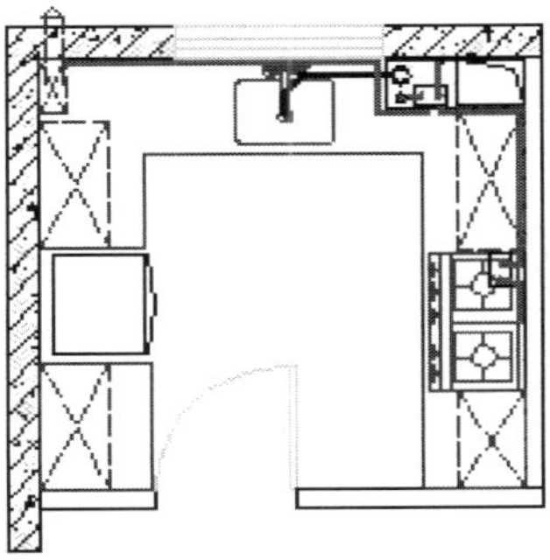 图 4	管道井与风井并列集中布置于台面拐角处，燃气表置于管道井内，管道井在 1.6m 处开 200 × 200mm 检查口兼通风百叶	外表整洁美观。排水水平管短	拐角处柜体内空间利用率低；操作面不完整；燃气管须先接表再接热水器，管线烦琐

注：有冰箱平面净尺寸 2800 × 2700mm。

风道		洗涤池	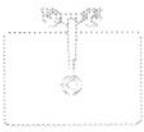	洗衣机		热水器	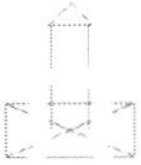
吊柜		电冰箱		燃气灶	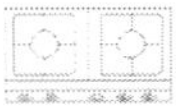	管井	

（二）水平管线区的设置

除竖向管道井外，厨房内有燃气、给水、热水、排水支管等大量支管管线管道，由于与相应的设备相连，位置分散，无法完全集中，为防止管线凌乱，保证空间整洁美观，水平管线应隐藏布置在集中的水平管线区内。常见管线隐藏位置有：吊顶、橱柜背板与底板。

1. 底板

现有建筑做法，洗涤盆排水横管通常安装于洗涤柜内，当洗涤盆靠近排水管管井时，可以直接接入；若相隔一定距离，会占用很多柜内的空间，可以考虑将排水横支管直接隐藏于地柜底板下。通常地柜底板下净空为100mm，当水平管线长度超过1000mm时，100mm高度不足以走水平管，可以抬高底板至150mm，这样在水平管线长度在2300mm以内时，仍可实现在地柜底板下敷设水平管道。

2. 橱柜背板

水平管线区通常80～100mm宽，管线区管线布置要紧凑，建议管线区管线排列顺序从上到下依次为燃气管、热水管、给水管、排水管（见图4－10），冷热水管线考虑在水平方向设多个接口，可实现设备与不同位置的接口连接；通常情况下，厨房内只有洗涤盆一处用水点，给水管及热水管线不需要在背板后水平敷设，而由垫层内引竖向支管直接接洗涤盆。可将排水管敷设于底板下，给水竖管走在背板后，燃气水平管线可避开给水管线，设于背板后约650mm高度（见图4－11）。橱柜背板设计为局部可拆卸的形式，燃气水平管位置设150mm宽可拆卸带孔铝板。

燃气管线宜明装，在装修要求比较高的情况下，可考虑于管井集中布置，暗封部位应可拆卸，检修方便，并应有通风口。也可在墙上留槽用于设置立管，外用封板遮蔽，既保证燃气管线敷设安全，又保证了空间和台面的完整和拆卸检修的方便性。

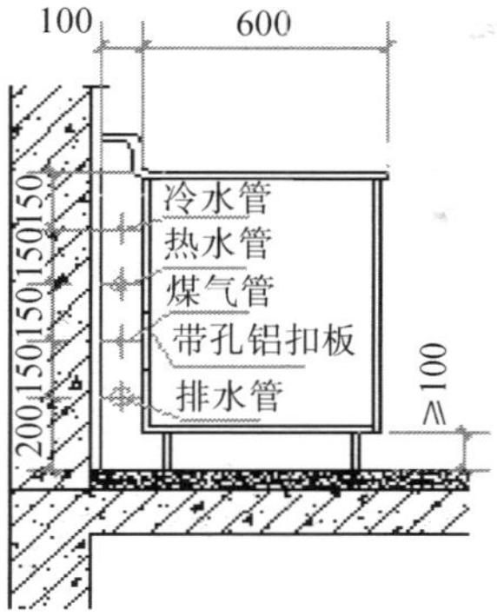

图 4-10　水平管线区排管示意图（单位：mm）

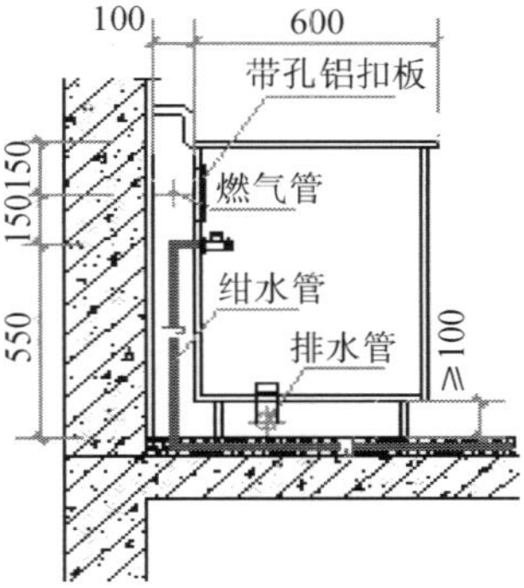

图 4-11　排水管设于底板的水平管线区（单位：mm）

（1）煤气立管、燃气表及排水立管集中一端布置，并暗装在装饰柜中间，燃气表设于灶柜内。既实现了厨房内部整洁、美观又可以减少对煤气立管的腐蚀（见图 4-12）。整个厨房无露明管道。在包厢设计中，考虑到管道检修及煤气管道的安全问题，在包厢前面做检修门，最上面做 200×200mm 的百叶窗，以防万一煤气管道泄漏气体，作放散用，同时兼查表观察窗。

（2）当厨房与阳台相连时，建议将管道及表具明装在阳台上，如图 4-13 所示。

（3）对于有外走廊的建筑，可将立管及表箱均设置在外廊凹槽内，相邻两户表箱可上下安装，表箱内装关断阀门、煤气表，如

图 4－12 所示。

（4）对于一梯两户的住宅，也可以将燃气表、燃气立管置于管道井中（见图 4－13），管道井紧邻外墙及楼梯间，在楼梯休息平台处开 600×800mm 高检修门，检修门为丙级防火门。在管道井外墙上，各层梁下及地面以上位置均预埋 Φ50 钢管作为放散孔。燃气竖井需每隔 3 层封堵，管道井内须设燃气浓度报警。

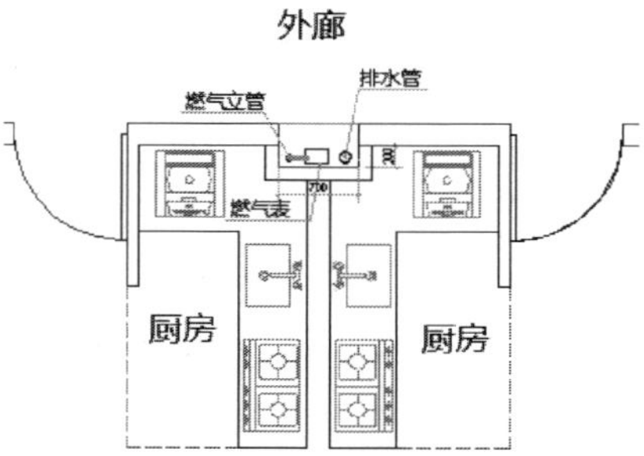

图 4－12　燃气立管及表设于外廊图

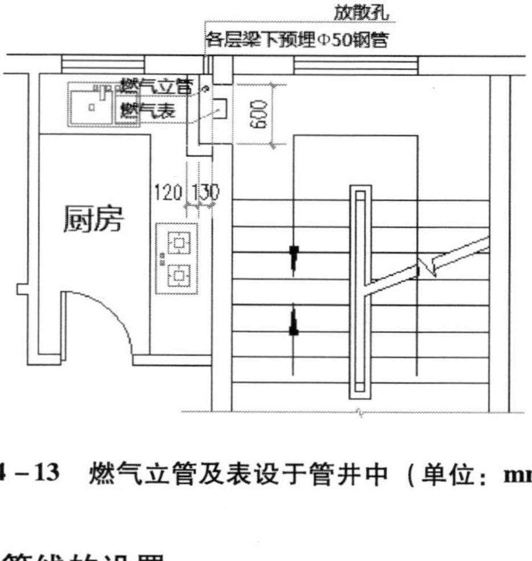

图 4－13　燃气立管及表设于管井中（单位：mm）

（三）给水及采暖管线的设置

目前给水水表及采暖热表及立管趋势为设于楼梯间等公共区域管井内，支管通过地埋或吊顶敷设等方式接入室内。其优点是将水表及热表设于公共空间不占据户内使用空间，便于管理维护，保证用户私密性。

1. 管线地埋暗敷

给水管线尽量沿墙敷设，可敷设在采暖管线 200～300mm 绝热层内。给水管线在敷设时本身也会产生交叉，若完全平铺，则需增加垫层厚度，既不经济又给结构带来负担。因而可通过构造方式，将冷热水管线仍敷设在同一平面，交叉处可利用地暖管空隙并采用元宝弯件，既不增加垫层厚度，又可解决交叉问题。

管线从地埋接用水点时，需穿出地面，可走在背板后管线区内，这种情况下排水横管无法走在水平管线区内。当排水横管敷设在水平管线区内时，给水管可采用墙出的方式，将原本出地面给水的管线暗埋于墙体竖向预留槽内，在准确的高度方向上的给水点定位后穿出。

2. 暖气管及暖气片设计

可以采用地盘管采暖系统或散热器系统。采用地盘管采暖系统既节约使用空间，也减少散热器对厨房内空间布置的影响，但是装修时要注意保护地面，防止地热盘管被破坏；采用散热器系统时散热器的布置位置和形式要注意结合使用功能和美观效果，建议采用相对短而高一些的暖气片形式，这样可以减少对橱柜布置的影响。

三、厨房部品及设施安装

厨房部品进场时应有产品合格证书、使用说明书及相关性能的检测报告，并应按相应技术标准进行验收；进口产品应有出入境商品检验、检疫合格证明。

厨房家具的安装应符合下列规定：

（1）检查橱柜的实际结构、布局与设计是否一致。应先预装柜体并对台面等进行测量和加工，并解决在预装中出现的问题。

（2）吊柜与墙体应连接牢固。

（3）地柜摆放好后应用水平尺校平，各地柜间及门板缝隙应均匀一致，确定无误后各个柜体之间应用连接件连接固定。门板应无变形，板面应平整，门板与柜体、门与门之间缝隙应均匀一致，且无上下前后错落。

吊柜安装在人体头部的位置，在使用橱柜的时候会时常需要打开吊柜，所以吊柜安装的时候最需要注意的就是吊柜连接和安装的牢固度。

吊柜的连接方式一般分为三种：木梢连接、二合一连接件连接和螺栓连接，连接螺栓宜使用膨胀螺栓。

（1）木梢连接：在板块与板块连接时用到，木梢虽然不似钢制钉子等牢固，但是木梢能够使板块之间不会有松动感，连接更加紧密。

（2）二合一连接件连接：二合一连接件由拉杆、偏心件两部分组成。板块之间除了采用木梢连接外，还增加了二合一连接件，确保连接牢固不会松垮。二合一连接件的特点是能够承受更大的拉力，因螺距较大，对板孔不会产生破坏，即使多次拆装也不会影响牢固程度。板块上已经预先打上了安装孔，在安装时，先将拉杆装入对应安装孔，然后将板块连接，再装上偏心件，用螺丝刀将偏心件转动，从而固定住。

（3）螺栓连接：在部分板块间，安装师傅为了确保板块连接万无一失，还会使用电钻钻入螺栓固定。使用的螺栓主要是木螺钉，这种钉子比起其他钉子更容易与木结合。

厨房设备安装应符合设计和产品安装说明书的要求，并应符合下列规定：

（1）燃气灶具和用气设备安装前应检验相关文件，不符合规定的产品不得安装使用；

（2）应根据燃气灶具的外形尺寸对台面进行开孔；

（3）燃气灶具的进气接头与燃气管道接口之间的接驳应严密，接驳部件应用卡箍紧固，不得有漏气现象，并应进行严密性检测；

（4）吸油烟机的中心应对准灶具中心，吸油烟机的吸孔宜正对炉眼。

厨房设施安装应符合现行国家标准《建筑给水排水及采暖工程施工质量验收规范》GB 50242—2002 的规定，且所有冷热给水、排水管，电源线，灯线接口点位及开孔尺寸应正确无误。

洗涤槽的给水、排水接口与厨房给水管和排水管的接驳应符合下列规定：

（1）给水立管与支管连接处均应设一个活接口，各户进水应设有阀门；

（2）洗涤槽排水管的安装应符合下列规定：

①应将洗涤槽的下水接口及其附件安装好；

②洗涤槽与台面相接处应采用防水密封胶密封，不得渗漏水；

③应将洗涤槽的水龙头与给水接口连接好；

④与排水立管相连时应优先采用硬管连接，并应符合设计的坡度要求。

厨房部品、设施安装的密封性能应符合下列规定：

（1）排水管道各接头连接、洗涤槽及排水接口的连接应严密，不得有渗漏，软管连接部位应用卡箍紧固；

（2）燃气灶具和用气设备的进气接头与燃气管道接口之间（或钢瓶）的软管连接应严密，连接部位应用卡箍紧固，不得有漏气现象；

（3）给水管道、水嘴及接头不应渗水；

（4）后挡水与墙面连接处应用密封胶密封（不锈钢橱柜除外）；

（5）嵌式灶具与台面连接处应加密封材料；

（6）洗涤槽与台面连接处应使用密封胶密封（不锈钢橱柜整体台面洗涤槽除外）；

（7）排油烟机排气管与接口处应采取密封措施。

软管与管道阀门、燃具的连接不牢固，导致软管脱落，燃气泄漏引发爆燃的事故在全国各地时有发生。因此，软管与管道阀门、燃具的连接处应采用压紧螺母（锁母）或管卡（喉箍）固定牢固，不得有漏气现象。选用金属软管时用螺母（锁母）固定，选用橡胶软管时用管卡（喉箍）固定。

灶具和洗涤槽与台面相接处可用有机硅防水胶密封，并且灶具四周与台面相接处宜用绝热材料保护。

厨房用金属材料和金属配件应根据使用需要，采取有效的表面防腐蚀处理措施；金属板的切口及开洞位置不应暴露在空气中，打钉位置宜采用密封胶处理。金属件在人体接触或储藏部位应进行砂光处理，不得有毛刺和锐棱。

砂光指用砂布或砂纸磨光工件表面的过程。金属表面直接暴露在空气中很快就会生锈，为了延长金属件寿命，建议在砂光处理后采用喷漆等工艺再进行处理，且喷漆之前要把金属表面处理干净。

厨房用密封胶的粘结性、环保性、耐水性和耐久性除应满足设计要求外，尚应具有不污染材料及粘结界面的性能，且应满足防霉要求。

四、成品保护

装配整体式厨房安装中各专业工种应配合，不得颠倒工序。交叉作业时，应做好工序交接，不得对已完成工序的成品、半成品造成破坏。装配式整体厨房安装应与其他专业合理安排施工工序，避免造成污染和破坏。安装施工过程中应做好出墙、出地面给排水管道的防撞保护。

橱柜安装前四周保护膜沿边撕开100mm左右，搬运禁止平抬，只能竖向搬或是侧向抬，轻拿轻放，防止单脚触地，防止碰撞划伤。安装前做好开孔及预埋件、垫木的安装，壁板与墙体之间用垫块及发泡剂局部填充加固，所有开孔开窗，切口必须用铝箔纸包边，切割开孔必须戴好护目镜，防止工伤意外。

装配式整体厨房安装完毕后，应及时办理验收和封闭保护工作，同时应在醒目位置设置保护牌。当进行混凝土地面等施工时，应防止物料污染、损坏成品。

五、安全文明施工

安装应建立完整的质量、安全、环境管理体系和检验制度，并采取有效措施控制安装现场对周围环境造成的污染和危害。施工中应采取降尘措施，降低大气总悬浮颗粒物浓度。施工中的降尘措施包括对易飞扬物质的洒水、覆盖、遮挡等。

建筑施工废弃物对环境产生较大影响，同时建筑施工废弃物的产出，也意味着资源的浪费。因此减少建筑施工废弃物的产生，涉及节地、节能、节材和保护环境等可持续发展的综合性问题。废弃物控制应在材料采购、材料管理、施工管理的全过程实施，应分类收集、集中堆放，尽量回收和再利用。

施工噪声是影响周边居民生活的主要因素之一。现行国家标准《建筑施工场界环境噪声排放标准》GB 12523—2011 是施工噪声排放管理的依据。应采取降低噪声和噪声传播的有效措施，包括采用低噪声设备，运用吸声、消声、隔声、隔振等降噪措施，降低施工机械噪声影响。

（一）文明施工

（1）认真贯彻国家有关环境保护工作的方针、政策、法令、法规；

（2）保护好建筑物的门窗、其他附属设施以及地面、绿化；

（3）及时清理建筑垃圾，施工时要保证环境卫生；

（4）施工人员着装整洁一致，做好内部“落手清”工作，保持环境卫生；

（5）严禁随地大小便；

（6）库房保持整洁、材料机具放置整齐；

（7）有建设单位、监理、总包方管理人员询问时，要停止作业，礼貌、客气、专注地回答相关问题，不得瞎编乱造，不得蛮横无理或不理不睬。

（二）环境保护

（1）按照文明施工要求进行布置；

（2）施工区域内不设置施工人员生活区、食堂，施工人员午餐后的剩余饭菜及时清理；

（3）对施工用水应遵循总包方的现场管理制度，合理、节约用水；

（4）施工现场环境保持整洁，物料堆放整齐，各种材料、工具严格按施工规划进场堆放，不得胡乱堆放；

（5）施工现场做到工完、料尽、场地清，施工产生的建筑垃圾必须袋装化并及时清理，施工垃圾必须堆放在总包指定范围内，不准在范围外乱堆乱放，对施工场内通道内洒落的材料等及时清理，同时要求值班人员除正常工作外对环境卫生、通道整洁等进行监督，发现问题及时处理；

（6）遵守国家及当地的有关规定，采取有效措施严格控制施工现场各种粉尘、废水、废气、固体废弃物及噪声对环境的影响；

（7）坚持以人为本加强管理人员和施工班组的文明建设，教育职工遵纪守法，提高企业整体水平和文明素养，同时主动与总包单位及其他周边单位协调配合，积极开展文明共建活动，树立企业形象。

（三）安全措施

（1）存放材料地点和施工现场必须通风良好，存料和施工现场要严禁烟火，消防设施要配备足够；

（2）进场前安全培训并记录；

（3）检查电动工具绝缘是否良好；

(4) 岗前检查个人防护用品是否到位;
(5) 工种交叉作业时需提前落实安全技术措施;
(6) 搬运物品注意协同作业,防止物品砸伤;
(7) 管理人员定期进行工位巡查;
(8) 登高作业时需提前准备防坠装置;
(9) 进场前安全培训并记录检查电动工具绝缘是否良好。

第四节 验收和维修保养阶段

质量验收应在施工单位自检合格的基础上,报监理(建设)单位按规定程序进行质量检验。厨房施工质量应符合设计文件的要求和相关专业验收标准的规定。厨房的质量验收应符合设计文件的要求和现行国家标准《建筑工程施工质量验收统一标准》GB 50300—2013、《建筑装饰装修工程质量验收标准》GB 50210—2018和《家用厨房设备》GB/T 18884—2015(第3部分:试验方法与检验规则)等相关验收标准的规定。质量验收记录应符合表4-14、表4-15的规定。

表4-14 厨房工程主控项目质量验收记录

单位(子单位)工程名称		分部(子分部)工程名称		分项工程名称	
施工单位		项目负责人		检验批容量	
分包单位		分包单位项目负责人		检验批部位	
施工依据		验收依据			

续表

设计要求或规范规定			最小/实际抽样数量	检查记录	检查结果
主控项目	1	厨房家具的材料、加工制作、使用功能应符合设计要求和国家现行有关标准的规定，其材料应有防水、防腐、防霉处理			
	2	厨房家具安装预埋件或后置埋件的品种、规格、数量、位置、防锈处理及预埋方式应符合设计要求。厨房家具应安装牢固，安装方式应符合设计要求			
	3	户内燃气管道与燃气灶具应采用软管连接，长度应不大于2m，中间不应有接口，不应有弯折、拉伸、龟裂、老化等现象			
	4	燃气灶具连接应紧密，安装应牢固			
	5	厨房设置的共用排气道应与相应的抽油烟机相关接口及功能匹配			

表 4-15 厨房工程一般项目质量验收记录

<table>
<tr><td colspan="3">设计要求或规范规定</td><td>最小/实际抽样数量</td><td>检查记录</td><td>检查结果</td></tr>
<tr><td rowspan="8">一般项目</td><td>1</td><td>柜体间、柜体与台面板、柜体与底座间的配合应紧密、平整，结合处应牢固</td><td></td><td></td><td></td></tr>
<tr><td>2</td><td>厨房家具与顶棚、墙体等处的交接、嵌合应严密，交接线应顺直、清晰、美观</td><td></td><td></td><td></td></tr>
<tr><td>3</td><td>厨房家具贴面应严密、平整、无脱胶、无胶迹和鼓泡现象，裁割部位应进行封边处理</td><td></td><td></td><td></td></tr>
<tr><td>4</td><td>厨房家具内表面和外部可视表面，应光洁平整，颜色均匀，无裂纹、毛刺、划痕和碰伤等缺陷</td><td></td><td></td><td></td></tr>
<tr><td>5</td><td>柜门安装应连接牢固，开关灵活，不应松动，且不应有阻滞现象</td><td></td><td></td><td></td></tr>
<tr><td>6</td><td>厨房家具安装允许偏差</td><td></td><td></td><td></td></tr>
<tr><td>7</td><td>厨房设施外观应清洁、无污损</td><td></td><td></td><td></td></tr>
<tr><td>8</td><td>管线与厨房设施接口应匹配，并应满足厨房使用功能的要求</td><td></td><td></td><td></td></tr>
<tr><td colspan="2">施工单位
检查结果</td><td colspan="4">专业工长或施工员：
项目专业质量检查员：
年 月 日</td></tr>
<tr><td colspan="2">监理单位
（建设单位）
验收结论</td><td colspan="4">专业监理工程师或建设单位专业技术负责人：
年 月 日</td></tr>
</table>

厨房的质量验收应在施工期间和施工完成后及时验收。装配式整体厨房验收应以竣工验收时可观察到的工程观感质量和影响使用功能的质量作为主要验收项目，检查数量不应少于检验批数量。

检验批应有监理工程师组织施工单位质量、技术负责人等进行验收。验收前，由施工单位填写“质量验收记录”，并由项目专业质量检验员和项目专业技术负责人（工长）分别在工程质量检验记录的相关栏目中签字，然后由监理工程师组织验收。

未经竣工验收合格的装配式整体厨房工程不得投入使用。验收时应检查下列文件和记录：

（1）施工图、设计说明及其他设计文件；

（2）材料的产品合格证书、性能检测报告和进场验收记录；

（3）施工记录。

一、质量验收

（一）主控项目

1. 装配式整体厨房交付前必须进行的各项检验，包括下列项目

（1）外观；

（2）尺寸公差；

（3）形状和位置公差；

（4）材料：人造板、贴面板、不锈钢、人造石、玻璃等材料的合格证件；

（5）排水机构：泄漏试验；

（6）木工要求；除剥离强度测试外的所有项目；

（7）电气要求；

（8）水槽：除水槽材料的力学性能和化学成分外的所有项目。

检查数量：全数检查。

检查方法：观察检查尺量，检查材料质量文件。

本条对装配式整体厨房各项验收项目作出了规范，保证了厨房的工程质量。使用材料均应有产品合格证，不合格产品严禁使用。

2. 厨房安全性能应符合下列规定

（1）厨房电源插座应选用质量合格的防溅水型单相三线或单相双线的组合插座；

（2）所有抽屉和拉篮，应抽拉自如，无阻滞，并有限位保护装置，防止直接拉出；

（3）所有柜外露的锐角必须磨钝；

（4）金属件在人可触摸的位置要砂光处理，不允许有毛刺和锐角。

检查数量：全数检查。

检查方法：观察检查。

厨房的安全性能应符合相关规范要求，同时应特别注意电源插座、柜角等危险区域做好防护措施，避免儿童发生意外。

3. 部品安装尺寸公差应符合下列规定

（1）不锈钢及人造贴面板台面及前角拼缝应小于等于0.5mm，人造石台面应无拼缝。

（2）吊柜与地柜的相对应侧面直线度允许误差小于等于2.0mm。

（3）在墙面平直条件下，后挡水与墙面之间距离应小于等于2.0mm。

（4）厨柜左右两侧面与墙面之间距离应小于等于10mm。

（5）地柜台面距地面高度公差值为±10mm。

（6）嵌式灶具安装应与吸油烟机对准，中心线偏移允许公差为±20mm。

（7）门与框架、门与门相邻表面、抽屉与框架、抽屉与门、抽屉与抽屉相邻表面的位差度应小于等于2.0mm。

（8）台面拼接时的错位公差应小于等于0.5mm。

（9）相邻吊柜、地柜和高柜之间应使用柜体连接件紧固，柜与柜之间的层错位、面错位公差应小于等于1.0mm。

检查数量：全数检查。

检查方法：观察检查尺量。

4. 部品安装牢固度应符合下列要求

（1）吊柜与墙面的安装应结合牢固，连接螺钉不应小于M8，每900mm长度不宜小于两个连接固定点。吊柜是安装在人体头部的位置，在使用橱柜的时候会时常需要打开吊柜，所以吊柜安装的时候最需要注意的就是吊柜连接和安装的牢固度。对此我们需要注意确保吊柜连接件的质量优质，连接紧密。

（2）拼接式结构厨柜的安装部件之间的连接应牢靠不松动，紧固螺钉要全部拧紧。

（3）吸油烟机安装应水平，牢靠固定在后墙面（或连接板上），不得松动或抖动。

（4）台面与柜体要结合牢固，不得松动。

（5）吊柜安装完毕，门中缝处应能承受150N的水平冲击力，底部还能承受150N的垂直冲击力，而柜体无任何松动和损坏。

检查数量：全数检查。

检查方法：观察检查尺量。

5. 密封性能应符合下列规定

（1）密封处应采取了密封措施；

（2）排水结构（落水滤器、溢水嘴、排水管、管接等）各接头连接、水槽及排水结构的连接必须严密，不得有渗漏，软管连接部应用卡箍紧固；

（3）燃气器具的进气接头与燃气管道（或钢瓶）之间的软管应连接紧密，连接部应用卡箍紧固，不得有漏气现象；

（4）给水管道与水嘴接头应不渗漏水；

（5）后挡水与墙面连接处应打密封胶（不锈钢厨柜整体台面水槽除外）；

（6）水槽与台面连接处应打密封胶（不锈钢厨柜整体台面水槽除外）；

（7）嵌入式灶具与台面连接处应加密封材料；

（8）抽油烟机排气管与结构处应采取密封措施。

检查数量：全数检查。

检查方法：观察检查。

装配式厨房在交付使用前需要对燃气管道、器具以及给排水管道做密封性能检查，确保无漏气渗水现象。

厨房家具的材料、加工制作、使用功能应符合设计要求和国家现行有关标准的规定，其材料应有防水、防腐、防霉处理。

检查数量：每检验批至少抽查 3 处，不足 3 处时应全数检查。

检验方法：观察，检查相关资料。

装配式整体厨房各类材料验收项目进行了规范，保证了厨房的工程质量。使用材料均应有产品合格证，不合格产品严禁使用。

厨房家具安装预埋件或后置埋件的品种、规格、数量、位置、防锈处理及埋设方式应符合设计要求。厨房家具应安装牢固，安装方式应符合设计要求。

检查数量：每检验批至少抽查 3 处，不足 3 处时应全数检查。

检验方法：观察，手试，检查相关资料。

户内燃气管道与燃气灶具应采用软管连接，长度应不大于 2m，中间不应有接口，不应有弯折、拉伸、龟裂、老化等现象。

检查数量：全数检查。

检验方法：观察、手试、肥皂水检查。

装配式厨房在交付使用前需要对燃气管道、器具做密封性能检查，确保无漏气渗水现象。

燃气灶具的连接应严密，安装应牢固。

检查数量：全数检查。

检验方法：观察、手试、肥皂水检查。

厨房设置的共用排气道应与相应的抽油烟机相关接口及功能

匹配。

检查数量：全数检查。

检验方法：目测检查。

（二）一般项目

1. 橱柜外观应符合下列规定

（1）产品外表应保持原有状态，不得有碰伤、划伤、开裂和压痕等缺陷；

（2）厨柜安装位置符合图纸要求，不得随意变换位置；

（3）厨柜摆放协调一致，外面及吊柜应保持水平；

（4）对门板和抽屉进行全面调节，使门板和抽屉面的上下、前后、左右分缝均匀一致。

检查数量：全数检查。

检查方法：观察检查。

施工完成后，橱柜的外观应保持完好，台面应水平，同时应检查门板和抽屉等活动构件能正常开闭。

2. 清洁检查应符合下列规定

（1）检查客户厨房内及厨柜柜体内、抽屉和台面上有无遗留物品、有无污渍；

（2）如客户需对安装产品进行防护，应满足要求。

检查数量：全数检查。

检查方法：观察检查。

柜体间、柜体与台面板、柜体与底座间的配合应紧密、平整，结合处应牢固。

检查数量：每检验批至少抽查 3 处，不足 3 处时应全数检查。

检验方法：观察，手试检查。

厨房家具与顶棚、墙体等处的交接、嵌合应严密，交接线应顺直、清晰、美观。

检查数量：每检验批至少抽查 3 处，不足 3 处时应全数检查。

检验方法：观察检查。

厨房家具贴面应严密、平整、无脱胶、胶迹和鼓泡现象，裁割部位应进行封边处理。

检查数量：每检验批至少抽查3处，不足3处时应全数检查。

检验方法：观察，手试检查。

厨房家具内表面和外部可视表面应光洁平整，颜色均匀，无裂纹、毛刺、划痕和碰伤等缺陷。

检查数量：每检验批至少抽查3处，不足3处时应全数检查。

检验方法：观察，手试检查。

柜门安装应连接牢固，开关灵活，不应松动，且不应有阻滞现象。

检查数量：每检验批至少抽查3处，不足3处时应全数检查。

检验方法：观察，手试检查。

厨房家具安装的允许偏差和检验方法应符合表4－16的规定。

表4－16　厨房家具安装的允许偏差和检验方法

序号	项目	允许偏差（mm）	检验方法
1	外形尺寸（长、宽、高）	±1	观察、尺量检查
2	对角线长度之差	3	
3	门与柜体缝隙宽度	2	

厨房设施外观应清洁、无污损。

检查数量：每检验批至少抽查3处，不足3处时应全数检查。

检验方法：目测检查。

管线与厨房设施接口应匹配，并应满足厨房使用功能的要求。

检查数量：每检验批至少抽查3处，不足3处时应全数检查。

检验方法：观察、手试检查

二、维修保养

厨房部品、厨房设施的生产厂家应提供使用手册，手册应包括下列内容：

（1）产品概述；

（2）结构特征与使用原理；

（3）技术特性；

（4）尺寸；

（5）材料；

（6）安装、调整；

（7）使用；

（8）故障分析与排除；

（9）保养；

（10）搬运、储存；

（11）图、表、照片等；

（12）其他需要说明的内容。

产品概述可包括：家具名称；主要用途及适用范围（必要时包括不适用范围）；品种、规格；型号及其组成含义；使用环境条件；对环境的影响；安全：执行的标准编号；生产日期。

结构特征与使用原理可包括：总体结构及其使用原理、特性；主要部件或功能单元结构、作用及其使用原理；各单元结构之间的联系、系统工作原理；辅助装置的功能结构及其工作原理、工作特性。

技术特性可包括：主要性能、主要参数。

尺寸可包括：外形尺寸、安装尺寸。

材料可包括：主要原辅材料（如基本材料、表面装饰材料、装填料等）的名称、特性、等级、产地、使用位置等；涂料及粘合剂名称及有关情况；有害物质的控制指标。

安装、调整可包括：安装条件及安装的技术要求；安装程序、方法及注意事项；调整程序、方法及注意事项；安装、调整后的验收试验项目、方法和判据。

使用可包括：使用方法：注意事项及容易出现的错误使用和防范措施。

故障分析与排除可包括：故障现象；原因分析；排除方法。

保养可包括：日常保养方法；定期保养方法；长期不用时的保养方法。

搬运、储存可包括：搬动、运输注意事项；储存条件及注意事项。

开箱及检查可包括：开箱注意事项；检查内容。

图、表、照片可包括：外形（外观）图、安装图、布置网结构图；原理图、电路图、示意图；各种附表：附件明细表、专用工具明细表；照片。

其他可包括：质量级别；生产厂保证、售后服务事项；需要向用户说明的其他事项。厨房部品、厨房设施应根据生产厂家的要求使用，及时检查，定期维护、更换。厨房部品、厨房设施应提供质保年限。

厨房日常使用过程中应避免热锅热水壶直接与橱柜接触，宜将热锅热水壶放在锅架上。

柜门板和台面应避免长时间浸泡。浸泡会让门板变形，维修起来很不容易，如果要更换，造价成本又很高；再有要注意橱柜表面的清洁维护，如果有污渍不能使劲擦。

每次使用烹煮后，应及时将抽油烟机表面、燃气炉、墙面瓷砖及台面擦干净。

每次清洗水槽时，应把滤盒后的管部颈端一并清洗。

防火板材质的橱柜宜使用家用清洁剂，用尼龙刷或尼龙球擦拭，再用湿热布巾擦拭，最后用干布擦拭。

天然石台面宜用软百洁布，不宜用甲苯类清洁剂擦。

清除水垢时，不能使用酸性较强的洁厕粉、稀盐酸等，否则会损坏釉面，使其失去光泽。

原木材质橱柜应先用掸子把灰尘清除干净，再以干布或沾原木保养专用乳液来擦拭，不得使用湿抹布及油类清洁品。

釉面陶瓷可使用中性的磨蚀性清洁剂清洁，不得使用烈性磨蚀性清洁剂，每次使用后，用软布擦干产品。

金属材质、天然石材以干软布清理即可，且得顺着方向擦拭，以免造成刮痕。

实木或实木贴皮门板应避免靠近热源、电源、水源，避免阳光直晒。

烤漆门板及镜面树脂门板应用质细的清洁布醮中性清洁液擦拭；避免与尖物接触产生划痕。如有轻微划痕也可用亮洁剂处理。

烤漆门板，应避免高温烘烤或火烧等。

放入柜内的器皿应清洗干净擦干后再放入，否则容易引起霉变，导致柜体发霉，同时霉变也会产生气味，不利于厨房环境。

上柜内适合放置轻的物品，如调味罐及玻璃杯等，重物宜放入下柜里。

橱柜中门板的合页和拉手出现松动和异响的时候，应及时调整，让厂家维修。

拉篮配件应用干布擦拭，避免水滴留在表面造成水痕。

保持下水道通畅，防止堵塞，内管道发生渗露时，应及时处理，最好请专业补漏人员予以维修，注意软管、密封材料等的使用期限，出现问题应及时更换。

第五节 示　　例

一、项目名称

银景湾项目装配式厨房施工工程。

二、项目概况

本工程为银景湾项目 7# 楼，7# 楼由地下 2 层、地上 32 层组成，总建筑面积 18500.89m^2。其中首层层高 5590mm，建筑功能为架空层，地上各层层高均为 3000mm，建筑功能为住宅，全楼高度 97.440m（见图 4－14）。

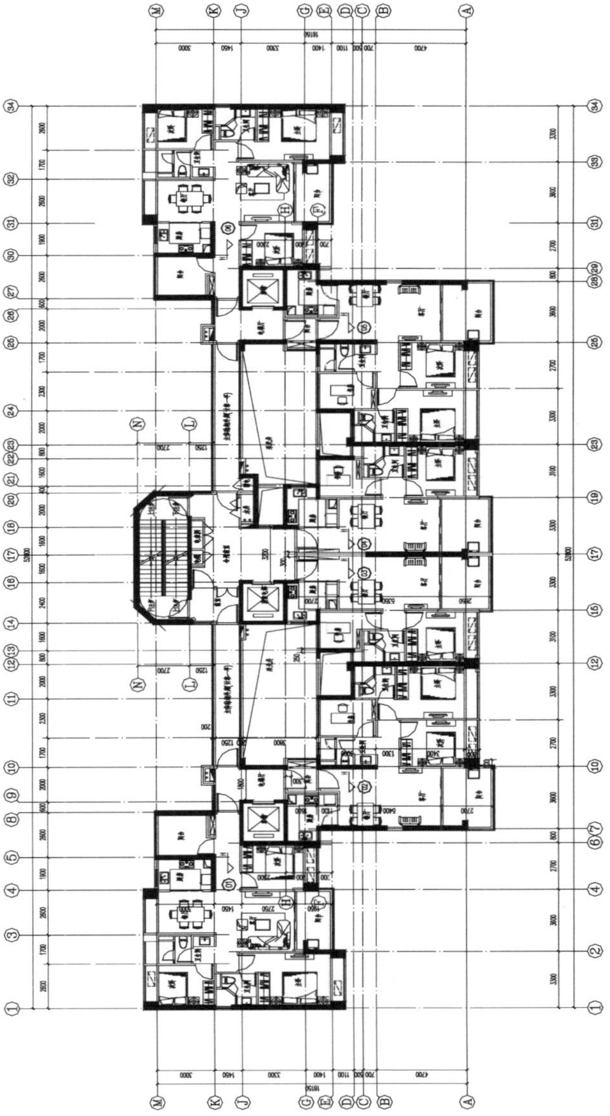

图 4－14　标准层平面图

本项目装配式整体厨房施工分为：装配式吊顶部品施工、装配式墙面部品施工、装配式地面部品施工、装配式橱柜安装（见图4－15）。具体安装步骤如下：

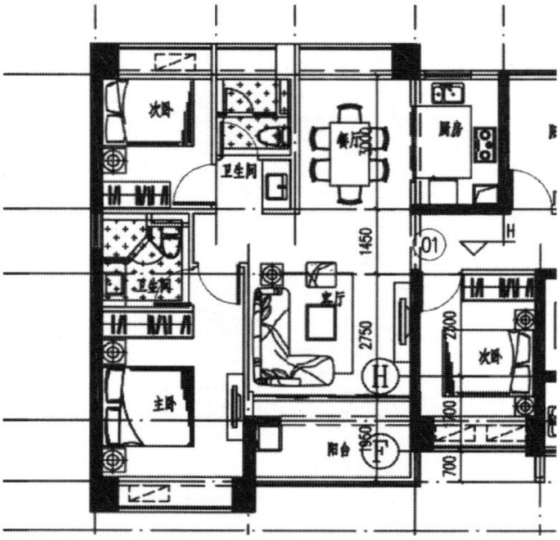

图4－15　户型平面图

三、装配式吊顶部品施工

（一）材料准备

“几”字形铝合金龙骨、“上”字形铝合金龙骨、吊顶硅酸钙复合板。

（二）施工工具

卷尺、铅笔、3级配电箱、切45°角锯、人字梯、平板锉、手套等。

（三）作业条件

隐蔽验收合格、设备固定吊件安装完毕、灯位及通风口位置确定、墙板安装完毕、墙板与顶板之间的岩棉用硅酸钙毛板封堵后方可进行吊顶的安装工作。

（四）施工流程

预排时按图复核编码→安装“几”字形铝型材→安装顶板→安装“上”字形铝型材→依次安装。

（五）施工步骤

（1）切割龙骨：根据房间净空尺寸，龙骨阴角部位切割45°角（见图4－16、图4－17）。切割部位如有毛刺，可用平板锉轻轻把毛刺清除，角部要密拼严密，不得出现高低不平现象，“上”字形切割尺寸比净尺寸短5mm为宜。

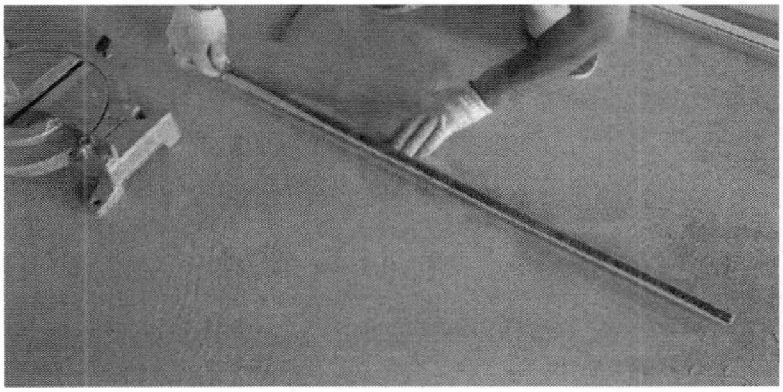

图4－16　根据实际测量尺寸对“几”字形铝型材进行45°角切割

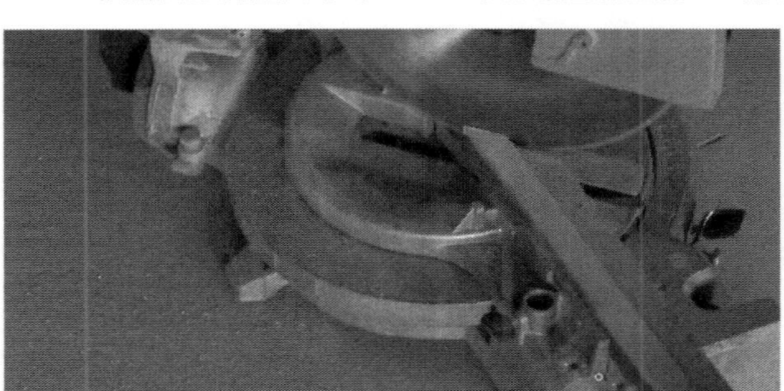

图4－17　根据实际测量尺寸对“几”字形铝型材进行45°角切割

（2）安装边龙骨：“几”字形龙骨卡入墙板内，要牢固到位，45°角要对接严密（见图4－18）。

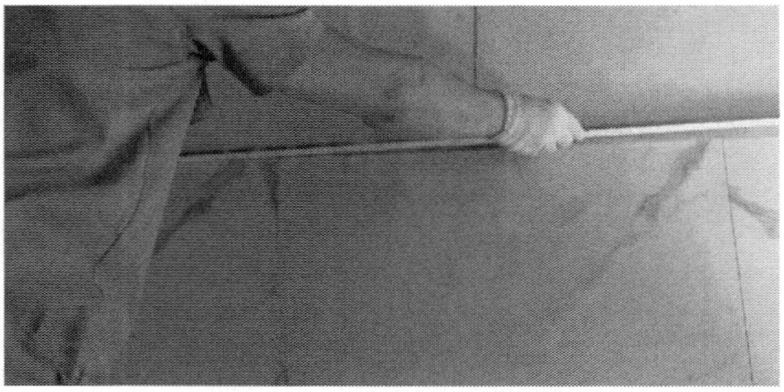

图4－18　沿墙板将切割好的“几”字形铝型材扣如墙板上

（3）边龙骨安装完毕后，开始安装顶板和“上”字形龙骨，第一块板的一边搭在边龙骨上，另一边插入“上”字形龙骨的槽内，依次类推，安装顶板时，工人要戴手套，防止把顶板摸脏（见图4－19、图4－20）。

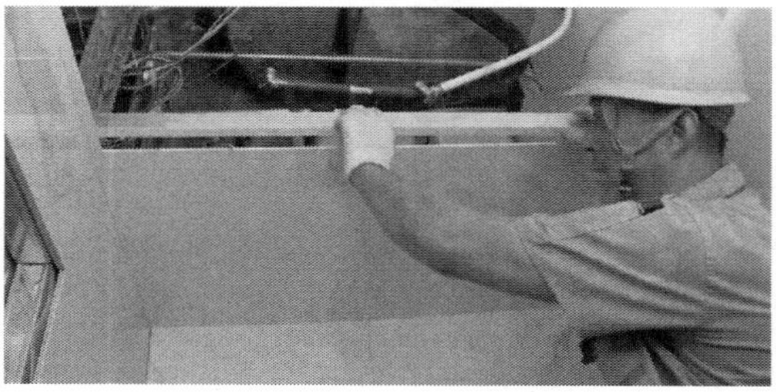

图4－19　两块吊顶板之间用“上”字形铝型材固定

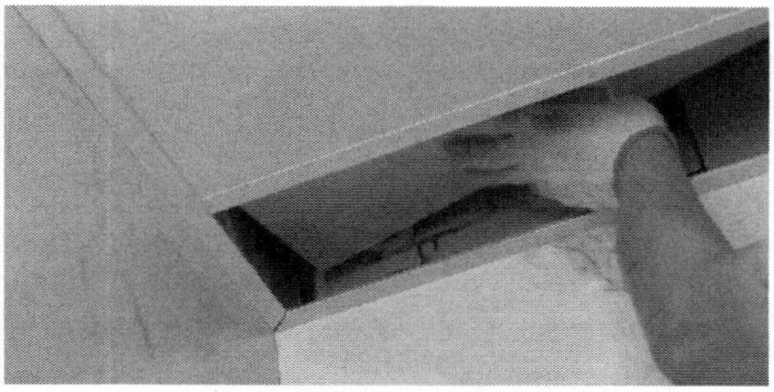

图4－20　非标吊顶板最后安装

（4）安装完顶板后，要仔细检查龙骨、龙骨与顶板的搭接是否严密。

（六）注意事项

为了确保“几”字形铝材能够安装，所有墙板上沿必须水平一致，硅酸钙复合板安装要一次成活，一次成优，忌反复拆改。

（七）技术要求

技术要求如表 4－17 所示。

表 4－17　安装技术要求

项目	技术要求（mm）
平整度	≤2
接缝直线度	≤3
接缝高低差	≤1

四、装配式墙面部品施工

（一）材料准备

（1）采用 10mm 厚复合墙板部品，其饰面层采用 UV 漆涂装或覆膜，板材侧面开槽以满足“工”字形铝材密拼插接使用，标准板宽 900mm，长度根据设计图纸定制。

（2）“工”字形铝材、钻石形阳角条应有产品质量合格证，外观应表面平整，棱角挺直，过渡角及切边不允许有裂口和毛刺，表面不得有严重的污染、腐蚀和机械损伤。

（3）辅助材料：小头燕尾螺丝、磷化自攻螺丝钉、结构胶等。

（二）施工工具

充电手枪钻、红外线水平仪、结构胶枪、人字梯、手套、切割机等；

（三）作业条件

隔墙、水电等隐蔽工程已经验收完毕，地面模块铺设完成。

（四）施工流程

墙板预排→确认起铺点→打胶→铺设墙板→插入“工”字形铝材→固定“工”字形铝材→依次铺设墙板。

（五）施工步骤

（1）根据排版图整理好材料，了解安装技术要求和安装质量要求。按图纸要求，从小到大编号依次安装墙板，整理材料时也应从小到大依次整理好墙板，并核对尺寸（见表4－18、图4－21）。

表4－18　　查看墙板排版图确定每面墙体墙板的型号花色

图例	墙面材料	踢脚	备注
1	CB 09 硅酸钙复合墙板喷蒂诺米黄UV漆	MF 06 木塑踢脚线	硅酸钙复合墙板到顶棚
	MST 02 米色人造石	—	窗台板
2	CB 06 硅酸钙复合墙板喷直纹柚木UV漆	MF 06 木塑踢脚线	硅酸钙复合墙板到顶棚
3	CB 05 硅酸钙复合墙板喷雪花白色UV漆	MF 06 木塑踢脚线	硅酸钙复合墙板到顶棚

图 4－21　按照现场已布置完成各水电预留点位复核确保墙板开孔正确

（2）检查板子两侧拉槽内是否有异物封堵，若有，应用美工刀疏通插槽（见图 4－22）。

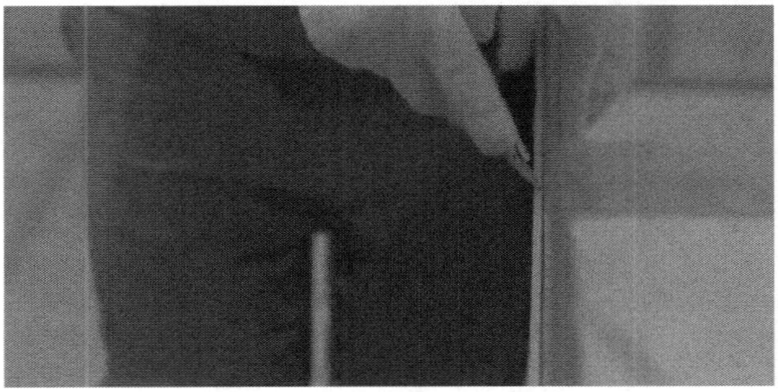

图 4－22　使用美工刀清理墙板两侧凹槽确保凹槽内无异物

（3）从一侧开始安装墙板，从一个房间内阳角位置（如无阳角则从阴角位置）、门边、窗边开始安装第一块墙板，墙板平面接缝处采用“工”字形铝材，阳角采用钻石形铝材连接，使用小头燕尾螺丝与横向龙骨连接，螺丝头要进入横向龙骨凹槽内，以免影响下一块墙板的安装。接口尽量留着平面，不应留在阴角部位，否则胶固化后缝隙不能调整。安装墙板时，先检查安装墙板的位置是否有水电预留孔，如有需要，先在该位置开好相应的孔洞。确认安装位置尺寸合适后，按照水平方向间隔 300mm 且同一块板不少于 2 点，将硅酮（聚硅氧烷）结构密封胶以点状涂于横向龙骨上，每个胶点预计 5～8g（8mm 膏体挤出

20～25mm 长度）（见图 4－23 至图 4－25）。

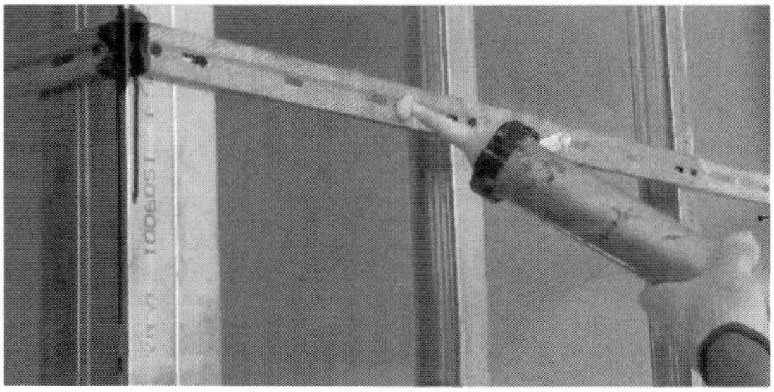

图 4－23 从阳角段将硅酮结构密封胶打在横龙骨上

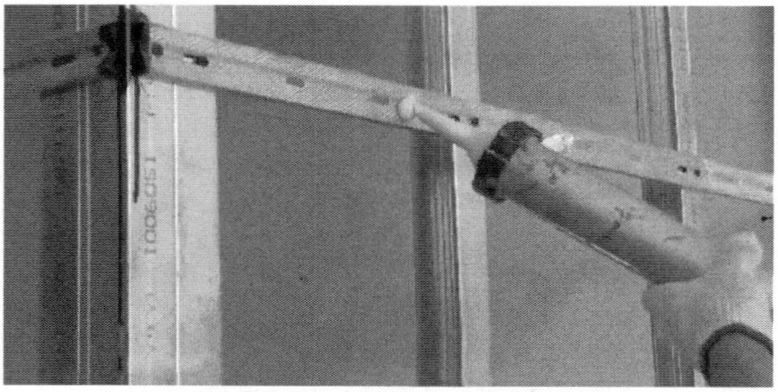

图 4－24 将对应编号墙板安装在标记位置

图 4－25 底部使用木楔承托

（4）扣上“工”字形铝材，把背部长翼留在外面，贴好墙板，确认好和上一块墙板的缝隙严密后，在板竖向边垂直情况下，用 Φ3. 5 ×

13mm 十字头燕尾螺丝钉把“工”字形铝材长翼固定在横向龙骨上（见图 4 - 26 至图 4 - 29）。

图 4 - 26　将钻石阳角条形材一侧插入已安装的墙板侧边凹槽内

图 4 - 27　将“工”字形铝材短边插入已安装的墙板侧边凹槽中

图 4 - 28　使用十字平头燕尾螺丝固定在横龙骨上

图 4-29 下一面墙第一块墙板应顶压在最后一块墙板上

（5）清理，用软布擦拭表面，注意有无胶打到外面的情况，并清理干净。

（六）注意事项

（1）铺设前应根据图纸要求按墙板编号依次铺设。

（2）无阳角时，有门、窗、主题墙、背景墙、造型口等特殊位置时，以门、窗、主题墙、背景墙、造型口等特殊位置的两侧左右排布。

（七）技术要求

技术要求如表 4-19 所示。

表 4-19 施工技术要求

项目	技术要求（mm）
立面垂直度	≤3
表面平整度	≤3
阴阳角方正度	≤3
压条直线度	≤2
接缝直线度	≤2
接缝高低差	≤1

五、装配式地板部品施工

其施工工艺与第五章装配式地面相同。

六、橱柜安装施工

橱柜安装技术准备：熟悉施工图纸与现场，做好技术、环境、安全交底。

（一）橱柜安装材料准备及要求

（1）准备材料为橱柜柜体，橱柜柜体无损伤等缺陷；

（2）准备材料橱柜五金件，小五金及其配件的种类、规格、型号必须符合图纸要求，并与门框扇相匹配，且产品质量必须是优质产品。

（二）橱柜安装施工工具

充电手枪钻、红外线水平仪、卷尺、手套等。

（三）橱柜安装作业条件

厨房吊顶、墙板、地板施工完毕。

（四）橱柜安装施工流程

清理墙面→安装吊柜挂件→连接吊柜吊码与挂片→安装地柜柜体→安装面板与把手→安装台面→安装踢脚板。

（五）橱柜安装施工步骤（见图4－30）

（1）在施工前应将有橱柜安装的墙面、地面清理干净；

（2）根据预留位置安装吊柜挂片；

（3）连接吊柜吊码与挂件；

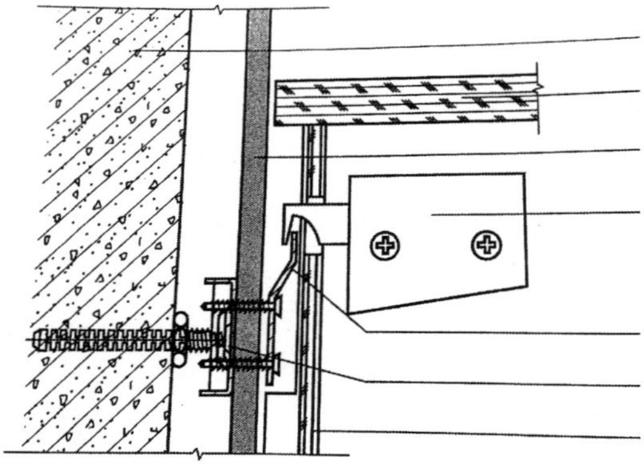

图 4－30　橱柜安装平面图

（4）安装地柜；

（5）安装五金。

（六）橱柜安装注意事项

安装橱柜时应做好墙面、地面成品保护，避免造成损伤；

（七）橱柜安装技术要求

橱柜安装技术要求如表 4－20 所示。

表 4－20　　施工技术要求

项次	项目	允许偏差（mm）
1	外形尺寸	3
2	立面垂直度	2
3	门与框架的平行度	2

第五章

装配式地面

装配式内装地面设计应选用集成化部品系统，满足房间承载力的使用要求，采用架空地板系统应设置减震构造，架空高度应根据管径尺寸、敷设路径、设置坡度等确定，可敷设给排水和供暖等管线，并应设置检修口。铺装面层材料应该具有足够的强度，应采用工厂化部品，如复合木地板、竹木地板、地毯、地面瓷砖、石材等，装修材料应在工厂加工编号，干式铺装，减少现场切割（见图5－1）。

图5－1　装配式地面（该部品是集架空层、调平层、饰面层于一体的三合一功能构造）

第一节 准备阶段

装配式地面应充分采用地方材料和环保材料，合理利用、推广工业废料，尽量节约材料、做到技术先进、经济合理、控制污染、卫生环保，确保工程质量和安全适用（见图 5－2）。

图 5－2 装配式地面材料

一、部品构成

装配式地面处理的目标是在避免抹灰湿作业的前提下，实现地板下部空间的管线敷设、支撑、找平、地面装饰。其中架空模块实现将架空、调平、支撑功能三合一，自饰面硅酸钙复合地板，材质偏中性，性能介于地砖和强化复合地板之间，并兼顾两者优势，地板可免胶安装。装配式架空地面部品主要由型钢架空地面模块、地面 PVC 调整脚、自饰面硅酸钙复合地板和连接部件构成。

组合支撑部件：型钢架空地面模块以型钢与高密度硅酸钙板基层为定制加工的模块，根据空间厚度需要，可以定制高度为 20mm、30mm、40mm 系列的模块，标准模块宽度为 300mm 或

400mm，长度可以定制。点支撑地面 PVC 调整脚是将模块架空起来，形成管线穿过的空腔。调整脚根据处于的位置，分为短边调整脚和斜边调整脚，斜边调整脚在模块靠近墙边时使用。调整脚底部配有橡胶垫，起到减震和防侧滑的功能。

自饰面板：自饰面硅酸钙复合地板应用于不同的房间，可以选择石纹、木纹、砖纹、拼花等各种质感和机理的饰面，也可以根据客户的需求定制深浅颜色、凹凸触感、光泽度。硅酸钙复合地板厚度通常为 10mm，宽度通常为 200mm、400mm、600mm，长度通常为 1200mm、2400mm，也可以根据优化房间尺寸定制。

连接部件：模块连接扣件将一个个分散的模块横向连接起来，保持整体稳定。连接扣件与 PVC 调整脚使用米字头纤维螺丝连接，地脚螺栓调平对 0 ~ 50mm 楼面偏差有强适应性。边角用聚氨酯泡沫填充剂补强加固。地板之间采用“工”字形铝材暗连接；需要做板缝装饰的可配合“土”字形铝材做明连接，成为一个整体。

二、材料性质、规格、性能

装配式架空地面部品在材质上具有承载力大、耐久性好、整体性好的特点；在构造上能大幅减轻楼板荷载、支撑结构牢固耐久且平整度高、易于回收；在施工上易于运输、易于调平、可逆装配、快速装配；在使用上具有易于翻新、可扩展性等特点。架空地面系统地脚支撑的架空层内布置水电管线，集成化程度高。自饰面硅酸钙复合地板在材质上具有大板块、防火、防水、耐磨、耐久等特点；在加工制造上易于进行表面复合技术处理，饰面仿真效果强，密拼效果超越地砖，可媲美天然石材；在施工上完全采用干式工法施工，装配效率高；在使用上具有可逆装配、防污耐磨、易于保养、易于翻新等特点。

缸砖、陶瓷地砖、天然大理石、花岗石等材料的技术等级光泽度、外观等质量要求应符合现行国家标准《建筑地面工程施工质最验收规范》GB 50209—2010 的规定。地面铺装工程面层采用的木地板、复合地板等材料，铺设时木材含水率、胶粘剂等应符合现行国家标准《实木地板》GB/T 15036—2018、《实木复合地板》GB/T 18103—2013 等的有关规定。地面铺装工程基层龙骨所使用的聚丙烯材料应符合现行国家标准《聚丙烯（PP）树脂》GB/T 12670—2008 的有关规定。装配式复合板地面系统中塑料材料的有害化学物质含量应符合现行国家标准《电子电气产品六种限用物质铅、汞，镉、六价铬、多溴联苯和多溴二苯醚的测定》GB/T 26125—2011 的相关要求。装配式复合板地面系统中部品的甲酸含量应符合现行国家标准《室内装饰装修材料人造板及其制品中甲醒释放限量》GB 18580—2017 中El 级的规定。

三、施工机具

（1）主要工具（见表 5－1）。

表 5－1　　主要工具

序号	工具名称	图例	型号	输入功率（W）	主要用途
1	冲击电钻		Z1J－SD02－12	390	用于结构打孔
2	角磨机		FF03－100A	710	用于打磨地板
3	锋钢锯		50cm	—	用于切割板材和异形构件

续表

序号	工具名称	图例	型号	输入功率（W）	主要用途
4	结构胶枪	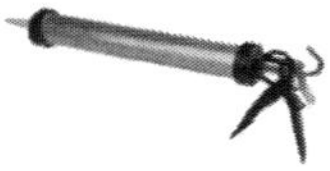	—	—	打胶
5	红外线水平仪		—	—	放线及定点

（2）其他工具：螺丝刀、卷尺、美工刀、吸尘器、油性记号笔、小铲、扫帚等。

四、标准规范

装配式地面施工标准规范如表5－2所示。

表5－2　标准规范

序号	标准名称	标准编号
1	《建筑工业化内装技术规程》	T/CECS 558—2018
2	《建筑地面设计规范》	GB 50037—2013
3	《建筑地面工程施工质量验收规范》	GB 50209—2010
4	《装配式混装配式混凝土建筑技术体系发展指南（居住建筑）》	—
5	《CSI住宅建设技术导则》	—

五、技术准备

前期技术策划对预制装配式建筑项目的实施起到十分重要的作用，设计单位应在充分了解项目定位、建设规模、产业化目标、成本控制、外部条件等影响因素的情况下，制订合理的技术路线，提高预制构件的标准化程度，并与建设、施工单位共同确定技术实施方案，为后续的设计工作提供设计依据。技术策划阶段要点如图5－3所示。

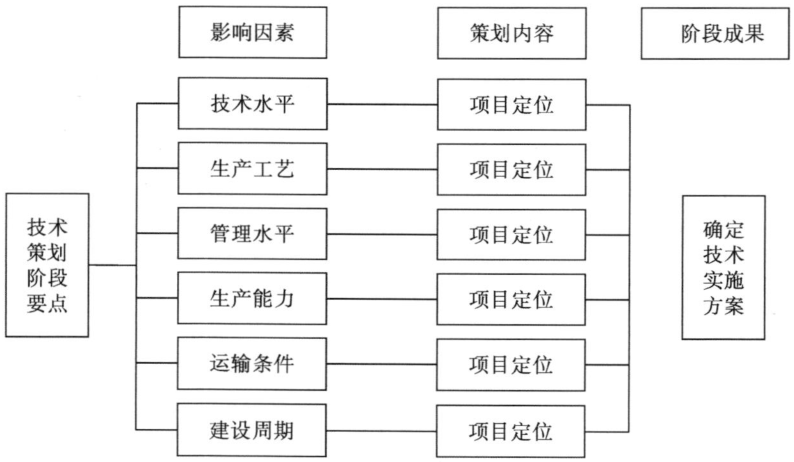

图5－3 技术策划阶段要点

建筑方案设计应根据技术策划要点，做好平面设计和里面设计。平面设计在满足使用功能的基础上，遵循“少规格，多组合”的设计原则，实现功能单元设计的标准化和系列化。

装配式楼（地）面设计应符合下列规定：楼（地）面宜由可调节支撑、基层板和装饰面层组成，当采用地面辐射供暖方式时地面辐射供暖宜与装配式楼地面集成设计。架空层高度应根据管线交叉情况．并结合管线路由进行集成设计，架空层高度应可调节基层板应根据饰面材料、荷载大小等因素选用装配式楼（地）面应按照功能和使用环境的需求逐一划分设计。装配式楼（地）面铺装区域（厨卫除外）统一完成面应在同一水平面上。当装配式楼（地）面铺装的模块之间厚度不一样时，应根据铺装设计需要利用找平层的厚度落差进行调节装配式楼（地）面板材的排版，应遵循分中对称、交圆准确的原则，门口处宜设置整板空间设计尺寸应与地面板规格尺寸相互匹配，宜采用标准地面板块铺装，减少非标准尺寸板块。

装配式楼地面应满足以下设计要求：

（1）装配式楼地面承载力应满足使用要求，连接构造应稳定、牢固。放置重物位置应采取加强措施。

（2）装配式楼地面配以横梁、橡胶垫条和可供调节高度的金属支架组装的架空活动地板面层在水泥类基层（面层）上铺设而成。活动地板面层和基层件的空间可敷设有关管道和导线，并可结合需要开启检查、清理和迁移。

（3）装配式楼地面与原地面间的空间可按使用要求进行设计，根据管线交叉情况进行计算，并结合管线排布进行综合设计。

（4）装配式楼地面的所有构件均可预制、运输、安装和拆卸十分方便，不符合模数的板块可进行切割，但切割边四周侧边用耐磨硬质板材封闭或有镀锌钢板包裹，胶条封边应符合耐磨要求。

（5）有防水要求的楼地面，设置高度不大于15mm的挡水门槛或楼地面高差，门槛及门内外高差应以斜面过渡。

（6）当房间防静电要求较高时，需要接地时，应将活动地板面层的金属支架、金属横梁相互连通，并与接地体连接。

（7）装配式地面宜设置架空层检修口。

（8）装配式楼地面应采用平整、耐磨、抗污染、易清洁、耐腐蚀的材料，厨房、卫生间、阳台等地面材料还应具有防水、防滑等性能。

（9）对有采暖需求的空间，宜采用干式工法实施的地面辐射供暖方式，地面辐射供暖宜与装配式楼地面的连接构成集成。

（10）地面排布时，注意将非标板置于家具、门等不宜显露处，地板排布优先设置造型分区、波打线区域，当饰面为木地板时，长向宜顺光源方向铺设（窗户）；当有踢脚（客厅、居室），墙板落在架空地面或找平地面之上，无踢脚时，地面只有防水底盘，地板直接落到防水底盘上。

（11）楼地面系统的架空空腔高度应根据集成的管线种类、管径尺寸、敷设路径、设置坡度等因素确定，完成面的高度除与架空空腔高度和楼地面的支撑层、饰面层厚度有关外，尚取决于是否集成了地暖以及所集成的地暖产品的规格种类。

（12）楼地面应和设备与管线进行协同设计，并在需要的地方设置检修口。

（13）楼地面应满足承载力的要求，并应满足耐磨性、抗污染、易清洁、耐腐蚀、防火、防静电等性能要求。厨房、卫生间等房间的楼地面材料和构造还应满足防水、防滑的性能要求。

第二节 生产运输阶段

一、生产及运输

生产制作单位应具备相应的生产工艺设施，并应有完善的质量管理体系和必要的试验检测手段，制作前，应对其技术要求和质量标准进行技术交底，并应制订生产方案；生产方案应包括生产工艺、模具方案、生产计划、技术质量控制措施、成品保护、堆放及运输方案等内容。

生产企业宜将建筑信息模型（BIM）技术与生产线的传感、通信技术、计算机控制技术相融合，实现设计、施工与智能化生产信息协同，以及对部品进行编码和生产日志存档，实现质量信息的可追溯管理。

生产的部品应进行标识，标识的信息应包括部品编码、生产规格、材质、使用位置、注意事项等。部品出厂前应进行包装，包装应牢固可靠，并应有包装明细清单、说明书及产品合格证等。

运输时应制订部品的运输与堆放方案，其内容应包括运输时间、路线、固定要求、堆放场地和成品保护措施等。运输部品的车辆应满足部品尺寸和载重要求，并应采取运输和装卸的保护措施。部品的堆放场地应平整、坚实，并应按部品的保管技术要求采取相应的防雨、防潮、防暴晒、防污染等措施。

二、部品匹配及配送

根据项目材料计划清单，在项目初期完成产品的精准下单，给工厂和供货商充足的时间加工及材料准备周期，在项目实施过程中，根据施工进度计划的动态变化，实时调整物料供应状态及周期，保证物料及时供应，既要保证现场施工组织的有序、顺畅，又要做到不在有限的施工现场积压大量物料，徒增物料的损耗。

为实现来料即用、有序供应，装配式施工提出的“适时配送”方案，就是按照施工进度要求，辅材协同主材齐套进场，来料即用。若某一工序涉及两地配货或是多地协同的情况，要求物流到货时间控制在2天之内。例如地面模块进场的同时，配套塑料调整脚、地脚螺丝、模块连接件、米字头纤维螺丝、布基胶带等辅材按数量成套匹配，施工现场物流分解、组装以及施工组织快速、有序、合理进行，确保施工现场顺利施工。

第三节 施工阶段

一、施工准备

施工准备应符合下列规定：楼（地）面部品铺装施工前，应对地面找平层的找平情况进行验收，验收合格后可进行部品铺装。楼（地）面施工前，应对场地进行布置，合理安排现场拆包部品摆放、可回收废料和垃圾场地等区域的位置，并应符合消防、安全及施工操作的要求。

进场检验应符合下列规定：装配式楼（地）面装修施工前，应组织完成工序交接、场地交接和外观质量验收，并应完成定位放线工作。

装配式楼（地）面的土建基层施工应符合现行国家标准《混凝土结构施工质量验收规范》GB 50204—2015 的有关规定。土建基层的允许偏差应符合表 5 – 3 的规定。

表 5 – 3　　装配式地面土建基层允许偏差

项目	允许偏差	检验方法
表面平整度	4mm	2m 塞尺和靠尺
标高	± 10mm	水准仪、尺量

检验工作完成后，应进行场地交接工作，并应符合下列规定：

（1）经检查，尺寸偏差超出允许范围内的部分应采取整改措施；

（2）交接程序完成后，应形成交接记录，并应留存相应资料。

装配式楼（地）面基层施工找平处理应符合下列规定：

（1）装配式楼（地）面的基层施工，应根据找平设计要求设置标高线，做好施工前准备。在进行地面找平前，应对基层进行处理清理干净，无施工障碍。

（2）装配式楼（地）面基层应按照设计图纸标明的区域找平或找坡，以满足铺装要求，再次找平后地面找平偏差应小于2mm。

（3）装配式楼（地）面基层施工完毕。应按设计要求对平整度预留孔洞等验收，并应作好记录。

装配式地面板铺装应符合下列规定：

（1）地面板铺装前应设置楼（地）面标高线，控制面层表面平整；

（2）非标板块宜根据现场核实尺寸在工厂进行制作；

（3）地面板铺装前应进行排布预铺，地插接口或地漏位置与预留孔洞应相互对应；

（4）地面板铺装完成后应对面层进行清理，面层若是天然石材，宜进行结晶处理，并选用合适的填缝材料进行填缝，填缝完成后应对成品进行保护；

（5）地面板铺装体系的构造方式应安全可靠，强度应抽样复检合格；

（6）地面板铺装体系应配套合理，便于安装操作，构配件应成套组装供应。石材板的大理石、花岗石面层表面应洁净、平整、坚实。板材间的缝隙宽度应按实际规定设置。铺装后，宜做表面结晶处理。

门槛石铺装应符合下列规定：

（1）门槛石模块应在地面其他部品铺装时进行预安装排布，在其他部品安装完成后再固定于地面；

（2）门槛石模块铺装完成后应对面层进行清理，并应做好成品保护。

二、面层安装

（1）活动地板面层施工时，室内工程必须全部完成，超过模块承载力要求的设备进入房间位置后，方可进行活动地板安装，不得进行交叉施工。

（2）活动地板面层与通过的走道或是房间的建筑地面构造应符合设计要求。

（3）金属支架应支承在水泥类基层上，水泥混凝土应为现浇，不应采用空心楼板。

（4）基层表面应平整、光洁、干燥、不起灰，安装前应清扫干净，并根据需要在表面涂刷 1 ~ 2 遍清漆或防尘剂，涂刷后不允许有脱皮现象。

（5）按设计要求在基层上弹出支架定位方格十字线，测量底座水平标高，将底座就位，同时，在四周测好支架水平线。

（6）铺设面层的标高应按设计要求确定，当房间平面是矩形时，其相邻墙体应相互垂直，与面板接触的墙面缝应顺直，其偏差每 m 不应大于 2mm。

（7）根据房间平面尺寸和设备等情况，应按活动地板的模数选择板块的铺设方向。当平面尺寸符合活动地板模数，而室内无控制柜设备时，宜由里向外铺设，当室内有设备且需要预留洞口时，铺设方向和先后顺序应综合考虑选定。

（8）铺设面层前，室内四周的墙应设置标高控制位置，并按选定的铺设方向和顺序设基准点，在基层表面上应按板块尺寸弹线形成方格网，标出地板块的安装位置和高度，并标明设备预留部位。

（9）先将地板各部件组装好，以基准线为准，将底座摆平在支座点上，核对中心线后，按安放顺序安放支架和横梁，固定支架底座，连接支架和框架。用水平仪逐点抄平，水平尺调整每个支座面的高度至全部等高。

（10）在所有支座柱和横梁构成的框架成为一体后，应用水平仪抄平，然后将环氧树脂注入支架底座与水平类基层之间的空隙内，使之连接牢固，亦可用膨胀螺栓或射钉连接。

（11）在横梁上按活动地板尺寸弹出分割线，铺放缓冲胶条时，应采用乳胶液与横梁粘合，从一角或相邻两个边依次向外或另外两个边铺装，并调整好活动地板缝隙使之顺直，四角接触处应平整、严密，但不得采用加垫的方法调整。

（12）当铺设地板不合模数时，其不足部分可根据实际尺寸将面板切割后镶补，并配装相应的可调支撑和横梁，支撑可用木带或角钢固定在房间四周墙面上，木带或角钢定位高度与支架标高相同，在木带或角钢上粘贴橡胶垫条，也可采用支架安装，将支架上托的三个定位销去掉，保留沿墙面的一个，使靠墙边的地板越过支架紧贴墙面。

（13）对地板切割或打孔时，可用无齿锯或钻加工，但加工后的边角应打磨平整，采用清漆或环氧树脂胶加滑石粉按比例调成腻子封边，亦可用铝型材镶嵌封边，以防止板块吸水、吸潮，造成局部膨胀，在与墙体的接缝处，应根据接缝宽窄分别采用活动地板或木条镶嵌，窄缝隙宜采用泡沫塑料镶嵌。

（14）地板上的机柜安装时，如果是柜体支撑可随时安装，如果是四点支撑，应使支撑点尽量靠近活动地板的框架，当设备重量超过地板额定承载力时，宜在活动地板下部增设金属支架。

（15）在与墙边接缝处，宜采用木条或泡沫塑料镶嵌，地板沿墙面宜做木踢脚线。

（16）通风口处集成地面应选用异形板块铺贴。

（17）活动地板下面的线槽和管道安装，应在铺设集成地板前安装并固定在地面上。

（18）集成地面地板安装或是开启，必须使用吸板器，严禁采用铁器硬撬，安装时应做到轻拿轻放。

（19）在设备全部就位以及所有地下管线、电缆安装完成后，对活动顶板再抄平一次并进行调整，直至符合设计及验收规范要求，最后将板面全部进行清理。

（20）塑料踢脚线铺贴时，应先将塑料条钉在墙内预留的木砖上，钉距40～50mm，然后用焊枪喷烤塑料条，随即将踢脚线与塑料条粘结。

（21）阴阳角塑料踢脚板铺贴时，采用专用的塑料阴阳角收口模块将相互转接的塑料踢脚线连接。

三、成品保护

（1）如墙板安装完成，最好用包装箱纸壳或彩条布对墙板给予保护。

（2）所有产品都要水平码放，严禁斜靠在墙面。

（3）搬运、堆放、安装过程中严禁点状冲击或重力冲击。

（4）地暖模块上严禁垂直打入钉类或钻孔，以防破坏模块内的地暖管。

（5）架空系统每平方米的荷载极限值为1t，码放物品请勿超过此重量。

（6）地暖模块及管铺设完成后应打压试验并做好记录，全部合格后方能进行下部工序。

（7）地板边角破损：在运输、码放与安装过程中均要注意对材料的保护。

（8）地面污染：成品保护差，油浆活施工前不采取保护措施，污染后不易清理，铺贴前刷胶太厚，应随铺随清洁，滚压时胶液外溢，污染地面，接缝处胶痕多，不易涂擦。

（9）应及时擦净残留在门窗框、玻璃和金属饰面板上的密封胶、尘土、胶粘剂、油污、手印、水等杂物。

（10）对已完成的石材阳角采用纸质成品阳角条或夹板护角条

进行保护，大面采用塑料薄膜粘贴。

（11）已完工的石材饰面，在材料运输通道等区域，应设置保护遮挡，并设置标识，石材的标签需及时清理。

四、安全文明施工

（一）绿色施工

（1）根据施工进度、库存情况等合理安排材料的采购、进场时间和批次，减少库存，现场材料堆放有序，存储环境适宜，措施得当，保管制度健全，责任落实到个人。

（2）材料运输工具适宜，装卸方法得当，防止损坏和遗洒，根据现场平面布置情况就近卸载，避免和减少二次搬运。

（3）优化安装工程的预留、预埋、管线路径等方案。

（4）应就地取材，施工现场500km内生产的建筑材料用量占建筑材料总用量的70%以上。

（5）现场搅拌用水、养护用水应采取有效的节水措施，严禁无措施浇水养护混凝土；浸泡砖等产生的废水可用来拌和水泥砂浆。

（6）优先使用国家、行业推荐的节能、高效、环保的施工设备和机具，如使用变频技术的节能施工设备。

（7）在施工组织设计（施工方案）中，合理安排施工工序、工作面，以减少作业区域的机具数量，相邻作业区充分利用共有的机具资源。安排施工工艺时，应优先考虑耗用电能少的或其他能耗较少的施工工艺。避免设备额定功率远大于使用功率或超负荷使用设备的现象。

（8）临时用电优先选用节能电线和节能灯具，临电线路合理设计、布置，临电设备宜采用自动控制装备，采用声控、光控等节能照明灯具，做到人走灯灭。

（9）施工现场水泥应设库封闭保管，石灰现场熟化应做好遮挡和排水工作，防止扬尘和污水漫流，最好采用成品麻袋灰和现场灰；灰土现场拌和最好应在无风的天气或采取遮挡，防止扬尘。对易飞扬的物质采取有效措施，如洒水、地面硬化、围挡、密网覆盖、封闭等，防止扬尘产生。

（10）现场噪音排放不得超过国家标准《建筑施工场界噪声限值》GB 12523 的规定。白天不能超过 85dB，夜间不应超过 55dB。使用低噪声、低振动的机具，采取隔音与隔震措施，避免和减少施工噪声和振动；切割板时，应设置在室内并应加快作业进度，以减少噪音排放时间和频次。搅拌司机每天操作前对机械进行例行检查，严禁敲打料斗，防止产生噪音，夜间禁止搅拌作业。

（11）水磨石施工时废浆不得随意排放，现场应设置沉淀池，污水经沉淀后有组织排放。

（12）施工现场的垃圾应分拣分放并及时清运，由专人负责用毡布密封，并洒水降尘，应注意对粉状材料的覆盖，防止扬尘和运输过程中的遗洒，沙子使用过程中应先用水喷洒，防止灰尘产生。

（13）胶粘剂使用后应立即严盖，不能随意敞放，如有洒漏，及时清除，所有器具及时清洗，保持清洁；使用热熔或涂膜类材料施工时，注意避免和减少大气污染。各种涂布料溶剂多有毒，使用前后应封闭，以避免和减少挥发到空气中，使用后废弃料不得随意丢弃，应用专门存放器具回收废料。

（14）加强建筑垃圾回收再利用，力争建筑垃圾的再利用和回收率达到 30%，建筑物拆除产生的废弃物的再利用和回收率大于 40%，对于碎石类块料类建筑垃圾，可采用地基填埋、铺路等方式提高再利用率，力争利用率大于 50%。

（二）操作人员安全管理措施

（1）认真学习并严格执行安全技术操作规程，不违章作业，特种作业人员需培训，持证上岗。

（2）自觉遵守安全生产规章制度，执行安全技术交底和有关安全生产的规定。

（3）服从安全监督人员的指导，积极参加安全生产活动。

（4）爱护安全设施，正确使用防护用具；对不安全作业提出意见，拒绝违章指挥。

（5）下列情况下，操作者不得作业，在领导违章指挥时有拒绝权：没有有效的安全技术交底，不经技术交底；设备安全保障措施不安全或不齐全；没有规定的安全保护措施或劳动保护用户；发现事故隐患未及时排除；非本岗位操作人员、未经培训或考试不合格人员；对施工过程中危及生命安全和人身健康的行为，作业人员有权抵制、检举和控告。

第四节 检查验收阶段

一、材料验收

当采用模块式架空楼地面时，模块式架空楼地面应参照《建筑结构监测技术标准》进行集中荷载、均布荷载、极限承载力的检验，其均布荷载情况下的极限承载力不应小于1000kg/m^2。

模块式架空楼地面采用供暖型地板模块时，架空楼地面应参照《预制轻薄型地暖板散热量测定方法》进行检测，热工性能应符合工程设计及设备技术文件要求。

模块式架空楼地面中地板模块原材料应采用优质冷轧连续热镀锌卷板，其表面镀锌量应不小于60g/m^2。

地暖模块的填充材料模塑泡沫板，应符合《绝热用模塑聚苯乙烯泡沫塑料（EPS）》GB/T 10801—2018.2 的要求。

模块式架空楼地面中的可调节地脚组件，应在 20～90mm 内灵活调整架空层的高度。

模块式架空楼地面的板材原材料采用无石棉增强硅酸钙板时，其主要力学性能、物理性能指标应符合《纤维增强硅酸钙板》JC/T 564—2018.1（第 1 部分：无石棉硅酸钙板）的要求（见表 5－4）。

表 5－4　无石棉增强硅酸钙板主要力学性能、物理性能指标

项目		单位	性能指标
力学性能	断裂荷载	N	＞110
	抗冲击性	次	3
物理性能	密度	g/m^3	＞1.2/≤1.4
	燃烧性能	—	A 级不燃材料

面层采用硅酸钙复合板、石塑片材时，应参照《浸渍纸层压木质地板》GB/T 18102—2020、《半硬质聚氯乙烯块状地板》GB/T 4085—2015 进行检测，其主要性能应符合表 5－5 的要求。

表 5－5　硅酸钙复合板地板、石塑地板主要性能　单位：mm

项目	硅酸钙复合板标准要求	石塑地板标准要求	
		G 型	H 型
耐旋转磨耗/转	≥6000	—	—
耐磨性（CT 型）/转	—	≥1500	≥5000

进场验收需要提供的相关材料如下：

（1）主要材料进场需要生产厂家资质、检测报告（复试结果应符合验收规范的要求）、合格证；

（2）涂装地板厂家应提供防火性能的检测报告；

（3）支撑脚材质应符合设计要求，具有防火、防腐性能。检验方法：查看检测报告；

（4）支撑脚应按设计要求位置进行布设，间距允许偏差为±5mm。检验方法：目测检查，尺量检查。

二、地面地基处理工程质量验收

（1）找平层表面的抗压强度不得小于1.2MPa。检查方法：回弹法检测或检查配合比、通知单及检测报告。

（2）地面基层和构造层之间、分层施工的各层之间，应结合牢固、无裂缝。检验方法：观察、用小锤轻击检查。

（3）有防水要求的找平层地面工程的立管、套管、地漏处不应渗水，坡向正确，无积水。检验方法：观察、泼水或坡度尺检查。

（4）水泥基自流平层地面平整、密实，无明显裂纹、针孔等缺陷等。检验方法：观察、用小锤轻击检查。

（5）地面找平层允许偏差及检验方法应符合表5－6要求。

表5－6　　地面找平层允许偏差及检验方法

项目	允许偏差（mm）		检验方法
	水泥砂浆层（落差找平）	水泥基自流平层（精准找平）	
表面平整度	4	2	每自然间随机抽取4～8个检验点，用2m的靠尺检查，取平均值
找平落差	±2	±1	用垂直尺检查
标高	5	3	用垂直尺检查

三、装配式楼地面内部管线验收

（1）地面内管道、设备的安装及水管试压。

（2）敷设于地板模块内的地暖加热管不应有接头。检验方法：隐蔽前观察检查。

（3）地暖加热管隐蔽前必须进行水压试验，具体应符合《建筑给水排水及采暖工程施工质量验收规范》GB 50242 的相关要求。

（4）地暖加热管弯曲部分曲率半径不应小于管道外径的 8 倍。检验方法：尺量检查；

（5）地暖分集水器的型号、规格及公称压力应符合设计要求，分集水器中心距地面不小于 300mm。检验方法：查看检查报告，尺量检查。

（6）地暖加热管管径、间距和长度应符合设计要求，间距允许偏差为 ±10mm。

四、装配式楼地面铺装工程质量验收

（一）主控项目

（1）装配式楼（地）面板的排列应符合设计要求，门口处宜采用整块，非整块的宽度不宜小于整块的三分之一。检验方法：观察、尺量检查。

（2）装配式楼（地）面板的饰面层与基层结合应牢固，正确无偏差。检测方法：观察、手摸、尺量检查。装配式楼（地）面板进入施工现场时，应有溶剂型胶粘剂中的挥发性有机化合物（VOC）苯、甲苯、乙苯和二甲苯等有害物质限量合格检测报告。检查方法：观察检查、检查形式检验报告、出厂检验报告、出厂合格证。

（3）地板与基层采用结构胶粘剂，每块板进行五点梅花形布置，点边距为 50mm，点直径为 30mm，板缝采用“工”字形铝材连接。室内门除卫生间过门处外均采用同材质过门条。地板与门框下槛接缝处打密封胶处理。

（二）一般项目

（1）装配式楼地面表面平整、洁净、色泽基本一致，无裂痕、划痕、磨痕、掉角、缺棱等现象。检验方法：观察、尺量、用小锤轻击检查。

（2）装配式楼（地）面板边角整齐、接缝平直、光滑、均匀、填缝连续、密实。检验方法：观察、尺量、用小锤轻击检查。

（3）装配式楼（地）面板与墙面或地面突出物周围应套割吻合，边缘整齐。检验方法：观察、尺量、用小锤轻击检查。

（4）踢脚线表面洁净，与墙柱结合牢固。踢脚线高度及出墙柱厚度应符合设计要求，均匀一致。检验方法：观察、尺量、用小锤轻击检查。

（5）有排水设计要求的地面坡度，排水处或地漏应为地面最低点，排水通畅，不积水。检验方法：观察、泼水或用坡度尺及蓄水检查。

（6）装配式楼（地）面面层填缝应严密，表面平整，洁净、均匀。检查方法：观察检查。

（7）装配式楼（地）面饰面板与地漏组装各部件边部应齐平粘结，压紧、做密封防水处理，面层各缝隙均匀、美观。检查方法：观察、蓄水检查。

（8）装配式楼（地）面铺设允许的偏差及检验方法符合表5－7要求。

表5－7　　装配式楼地面工程安装允许偏差及检验方法

项目	允许偏差（mm）	检验方法
表面平整度	2	用2m靠尺或楔形塞尺检查
表面拼缝平直	3	拉5m线，不足5m拉通线，用钢直尺检查
接缝高低差	0.5	用钢尺或楔形塞尺检查
踢脚线上口平直	2	拉5m线，不足5m拉通线，用钢直尺检查
板块间隙宽度	1.5	用钢尺检查

第五节 示　例

一、项目名称

银景湾项目 A 户型装配式地面施工工程。

二、项目概况

本工程为银景湾项目 7#楼，7#楼由地下 2 层、地上 32 层组成，总建筑面积 18500.89m²。其中首层层高 5590mm，建筑功能为架空层，地上各层层高均为 3m，建筑功能为住宅，全楼高度 97.44m。A 户型装配式地面区域如图 5－4、图 5－5 所示。

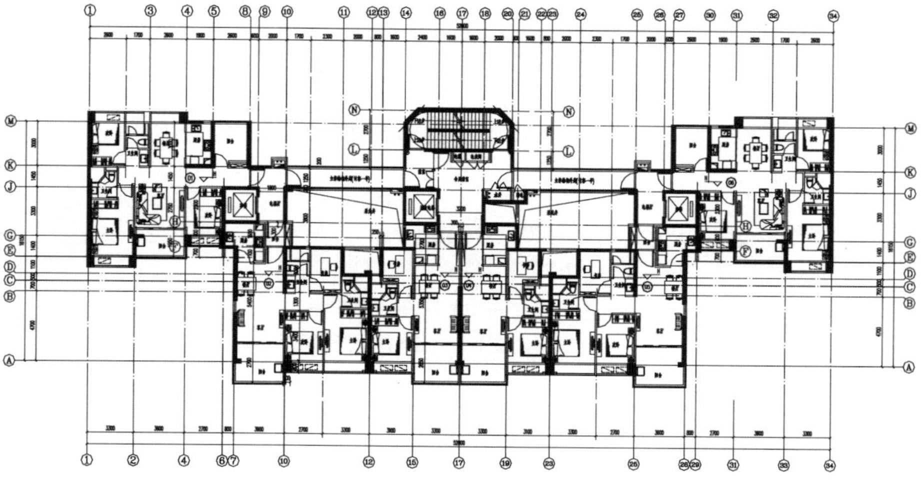

图 5－4　标准层平面图

三、图纸会审

（一）图纸会审与交底

工程施工进场后，组织工程技术人员熟悉和审查施工图纸并整理成会审问题清单，由设计人员进行交底，明确设计图纸交代不清的内容，尤其是较为复杂、特殊功能的部分，以及各细部装修做法等。检查各专业之间设计图纸有无矛盾、平、立、剖面图之间有无矛盾，标注有无遗漏等，为顺利按图施工扫清障碍。

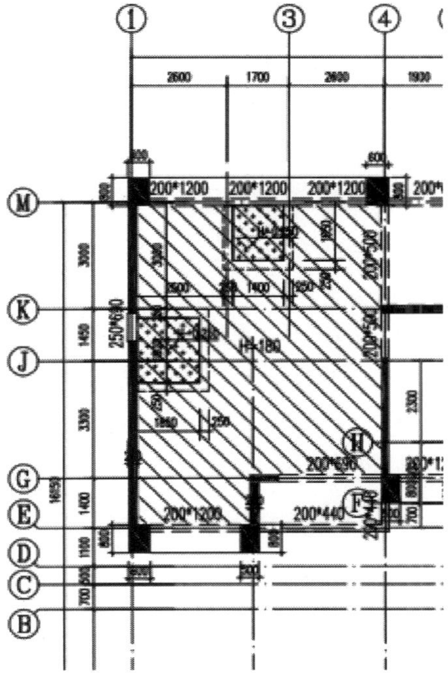

图 5－5　7[#]楼标准层 A 户型装配式地面区域

（二）细化专项施工方案

组织相关专业的工程技术人员编制施工方案和项目试验计划，

向有关施工人员做好一次性方案和分项工程技术交底工作。根据工程特点，对重点及关键施工部位提出科学可行的技术措施。

四、材料准备及要求

（1）标准模块：主要由支撑镀锌钢板架空部件、高密度硅钙板保护部件以及相应的地脚扣件等配套部件组成，模块定宽400mm，长度可根据设计图纸和订货清单定制。

（2）非标模块：长度和宽度均可为非标准。运至现场的非标准模块，保护板已经固定好。

（3）模块专用调整地脚分平地脚（中间部位用）和斜边地脚（边模块用）两种，并匹配调节螺栓（50mm、70mm、100mm、120mm 四种规格），每个调整螺栓底部均设置橡胶垫。橡胶垫具有防滑和隔声功能，安装时不能遗失。

（4）连接件扣件及螺钉（$\Phi 4 \times 16$mm）。

（5）安装辅料：安装时需匹配发泡胶、布基胶带、米字纤维固定螺丝等。

（6）地板：采用 10mm 厚复合地板部品，其饰面层采用 UV 漆涂装。板材侧面开槽以满足“工”字形铝材密拼插接使用。标准板宽 600mm，长度可根据设计图纸定制。

（7）“工”字形铝材：应有产品质量合格证，外观应表面平整，棱角挺直，过渡角及切边不允许有裂口和毛刺，表面不得有严重的污染、腐蚀和机械损伤。

（8）踢脚线：采用木塑材质，应有产品质量合格证，外观应表面平整，切边不允许有裂口和毛刺，表面不得有严重的污染、腐蚀和机械损伤。

五、产品订单

地板由设计师出具按照户型的定制产品材料表，确保每个户型每个产品有唯一编号，并且分户打包。

六、材料收货

（1）现场品控检验人员必须严格检验原材料及主辅料，应符合现行国家产品标准，必须查验相关材质单、质量合格证、材料号牌中文标志，型号、名称、规格、尺寸及检验报告。

（2）根据国家相关规定和要求，材料进场后应在监理的见证下抽样复试。

（3）现场品控检验人员对项目首件样品应留样存档。

（4）对即将进入下一道工序的中间部品应进行严格检验，合格后方可进入下道工序，对即将入库的产品进行完工检验，检验内容包括：尺寸与图纸设计是否相符，尺寸与数据是否相符，偏差范围是否在允许范围之内，有无漏加工。

七、施工工具

3 级配电箱、角磨机（金属切割片、石材切割片）、Φ25mm 开孔器、充电手枪钻、胶枪（结构胶）、卷尺、中号记号笔、美工刀。

八、作业条件

吊顶湿作业完成、隔墙竖龙骨完成、地面水电管安装完成、排水安装完成。

九、施工流程

清理工作面→标记水平高度→整理架空模块→装配架空模块→

架空模块精调→孔缝封堵→按图复核地板编码→地板预排→铺设地板→安装踢脚板→清理。

十、施工步骤

（1）清理工作面，对将要施工的工作面进行清理，不堆放与施工无关的材料和物品，并对土建施工楼板和室内地面进行清理和清扫，建议用吸尘器除尘（见图5－6）。

图5－6　地面清理

（2）用红外线水平仪对水平线进行标注，减去地板等地面铺设高度后确认模块施工完成面的高度，现场勘测时应对地面平整度和完成面高度等数据进行采集（见图5－7）。

图5－7　使用卷尺测量各区域模块完成线与基层地面的高度

（3）按图纸和编号分区域和编号顺序整理好架空模块，地面应按图纸要求顺序进行铺设。

（4）将边模块（形钢架空模块）安装好地脚调整螺丝后，从边部开始铺设模块，支撑另一边时先调整好模块两端和中间一共3个地脚。其他地脚参照执行，整体托起模块。此时调整规则应略低于预期目标线0.5mm左右（见图5-8、图5-9）。

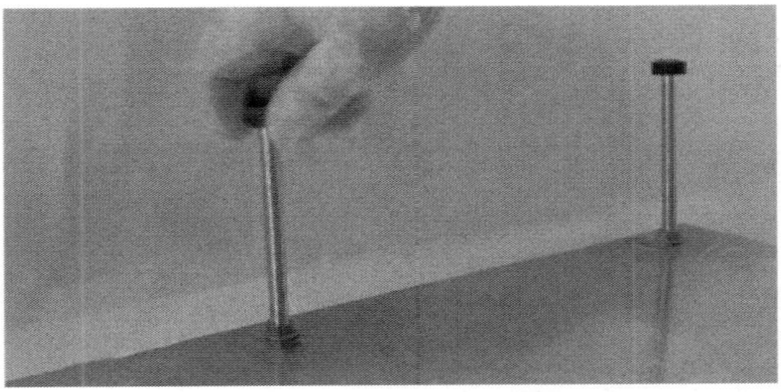

图5-8　将适合高度的地脚螺栓拧入模块底部预制孔内

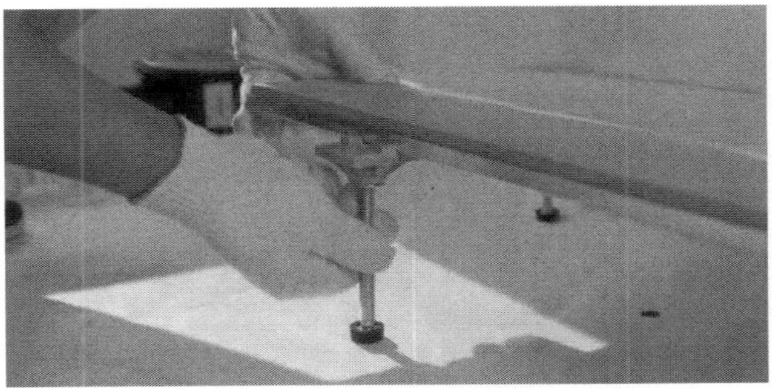

图5-9　另一边设置塑料调整脚

（5）铺设前核对室内净空尺寸是否和图纸标示相符，然后根据图纸的编号核对管道，通过缺口相对应的规则依次铺设模块，铺设次模块时，架空模块后应紧跟着用模块连接扣件固定此模块和上一模块的连接边，并用螺丝锁定，然后再铺设下一模块（见图5-10、图5-11）。

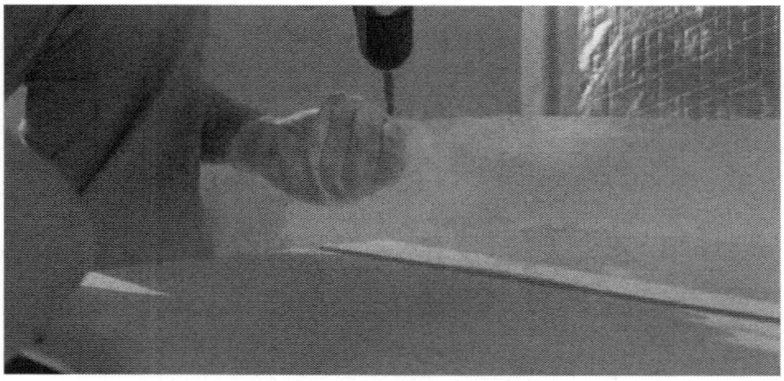

图 5－10　使用模块连接扣件在塑料调整脚处分别卡入两块模块中

图 5－11　同样方法安装后续架空模块

（6）将该区域最后一块模板安装好，并仔细调整好水平高度（见图 5－12、图 5－13）。

图 5－12　全部模块安装完成后使用红外线水平仪配合卷尺精调水平度

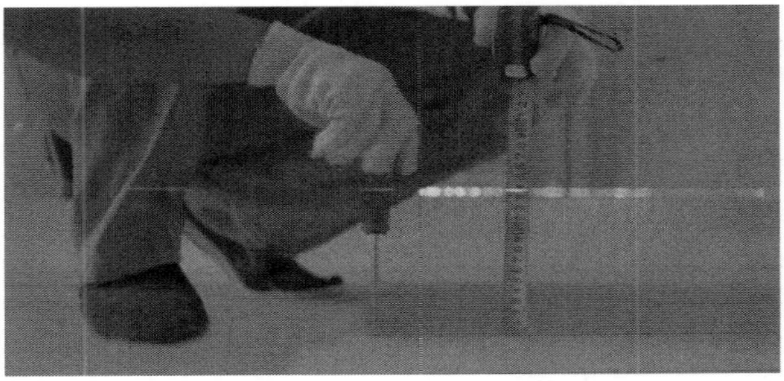

图 5 - 13　全部模块安装完成后使用红外线水平仪配合卷尺精调水平度

（7）水平高度调整好后，使用布基胶带封堵孔缝（见图 5 - 14、图 5 - 15）。

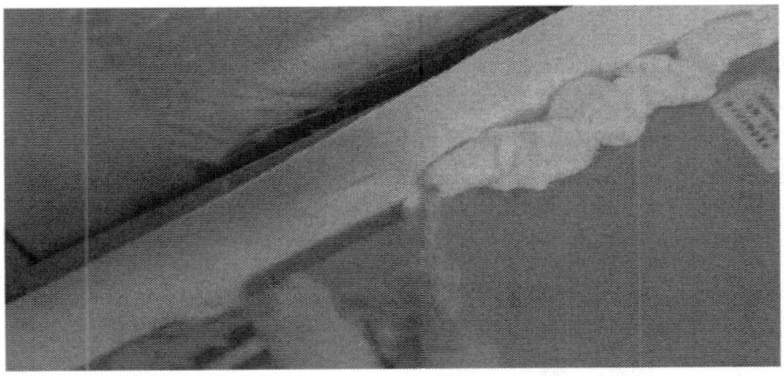

图 5 - 14　使用聚氨酯泡沫填充剂填充模块与墙体之间缝隙

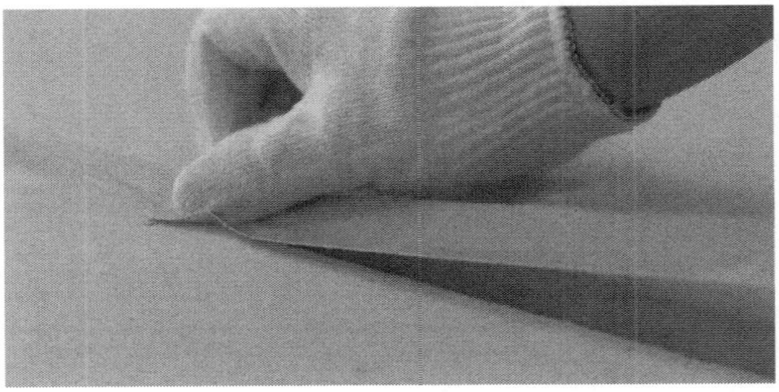

图 5 - 15　使用布基胶带封堵模块间间隙

（8）使用吸尘器对施工工作面进行清理，施工工作面没有不相干材料和其他部品，对已完成的墙板采取有效的保护措施（见

图 5 – 16）。

图 5 – 16　安装前使用吸尘器清理基层

（9）依据图纸进行地板预排，核对部品编号、规格等信息（见图 5 – 17、图 5 – 18）。

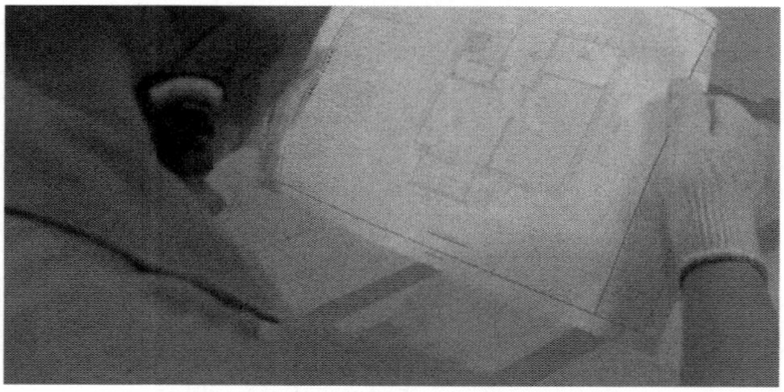

图 5 – 17　查看地面铺装图并确认地板铺装方式并按图纸要求预排地板

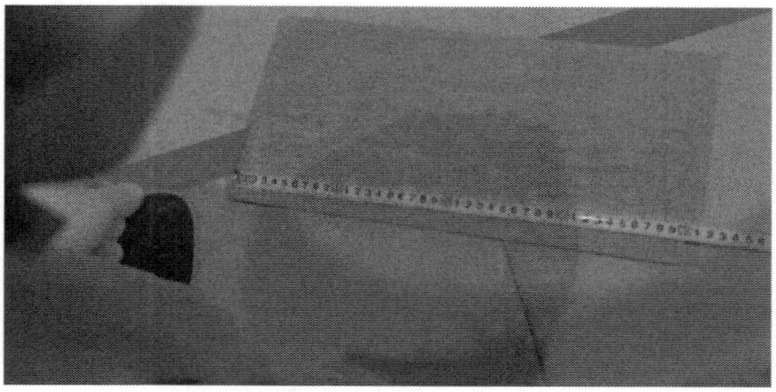

图 5 – 18　查看地面铺装图并确认地板铺装方式并按图纸要求预排地板

（10）铺设地板，每块地板铺设前应当使用美工刀清理地板两侧凹槽，防止杂物落入，在地板背面使用少量硅酮结构胶（聚硅氧烷）打点，保证地板四角和中心有胶点，按预排部位粘贴在基层面上（见图5－19、5－20）。

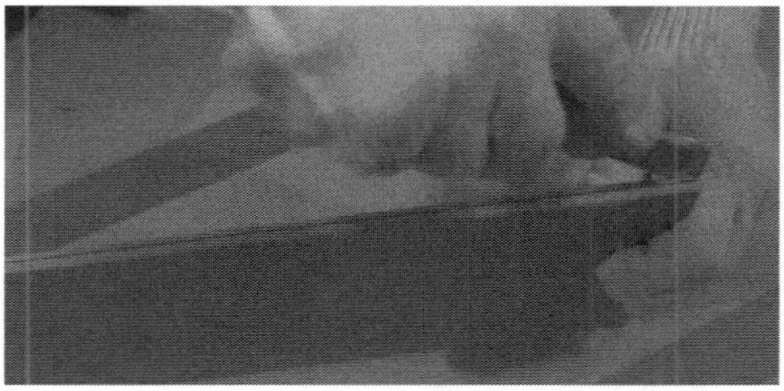

图5－19　使用美工刀清理地板两侧凹槽以防止凹槽内有异物

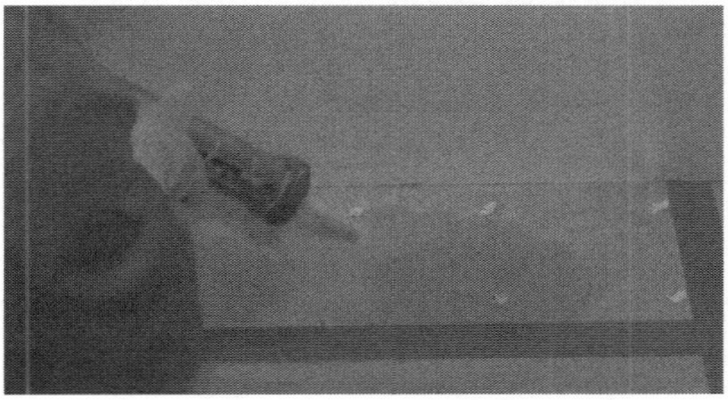

图5－20　在地板铺设的基层设置硅酮结构密封胶胶点

（11）在“工”字形铝材背面间隔300mm使用硅酮（聚硅氧烷）结构胶设置胶点，插入地板侧边凹槽内（见图5－21）。

图－21　将“工”字形铝型材插入地板侧边凹槽内

（12）地板铺设完成后，铺设踢脚线，踢脚线背面间隔 150mm 设置胶点，粘贴在墙板上，在阴角、阳角上使用专用踢脚线阴角套和阳角套连接（见图 5－22、图 5－23）。

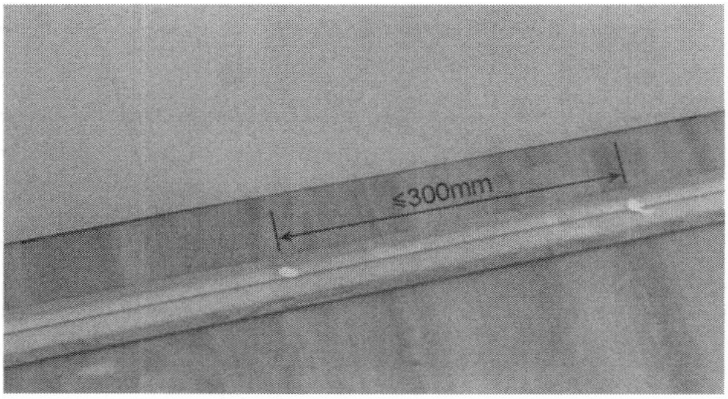

图 5－22　胶点设置间距不大于 300mm

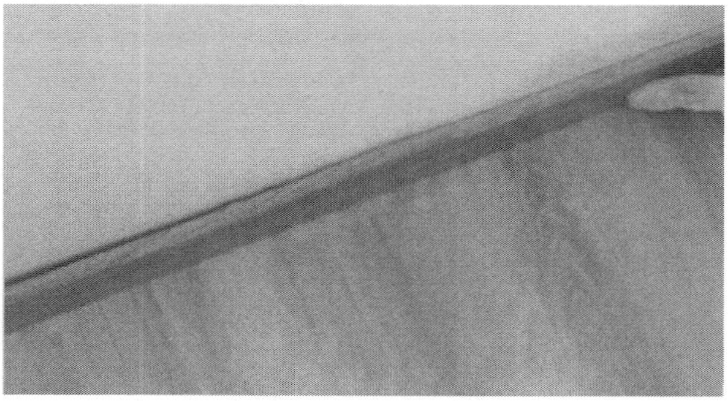

图 5－23　将木塑复合踢脚线粘贴在已安装完毕的墙板上

十一、注意事项

架空系统每 m^2 静荷载极限为 1t，码放物品时请勿超过此质量。

参考文献

［1］刘东卫．百年住宅：面向未来的中国住宅绿色可持续建设研究与实践［M］．北京：中国建筑工业出版社，2018.

［2］郭正兴，朱张峰，管东芝．装配整体式混凝土结构研究与应用［M］．南京：东南大学出版社，2018.

［3］汪杰，李宁，江韩，等．装配式混凝土建筑设计与应用［M］．南京：东南大学出版社，2018.

［4］江韩，陈丽华，吕佐超，等．装配式建筑结构体系与案例［M］．南京：东南大学出版社，2018.

［5］建筑轻质条板隔墙技术规程 JGJ/T 157—2014［S］．北京：中国建筑工业出版社，2014.

［6］装配式整体卫生间应用技术标准 JGJ/T 467—2018［S］．北京：中国建筑工业出版社，2018.

［7］装配式整体厨房应用技术标准 JGJ/T 477—2018［S］．北京：中国建筑工业出版社，2018.

［8］建筑工业化内装技术规程 T/CECS 558—2018［S］．北京：中国建筑工业出版社，2018.

［9］建筑地面设计规范 GB 50037—2014［S］．北京：中国建

筑工业出版社，2014.

［10］伍孝波，闫俊杰，刘云龙，等．装配式装修设计与施工［M］．北京：化学工业出版社，2019.

［11］建筑施工手册（第五版）［M］．北京：中国建筑工业出版社，2013.

［12］马涛，张玉梅．装配式建筑系列标准应用实施指南（装配式混凝土结构建筑）［M］．北京：中国计划出版社，2016.

［13］居住建筑室内装配式装修工程技术规程 DB11/T 1553—2018［S］．北京：中国建筑标准出版社，2018.

［14］建筑地面工程施工质量验收规范 GB 50209—2010［S］．北京：中国计划出版社，2010.

［15］装配式住宅建筑设计标准 JGJ/T 398—2017［S］．北京：中国建筑工业出版社，2018.